长岛毗邻海域
底层渔业资源与栖息环境

CHANGDAO PILIN HAIYU DICENG YUYE ZIYUAN YU QIXI HUANJING

单秀娟 ◎ 主编

中国农业出版社
北京

前 言
PREFACE

人类活动和气候变化所造成的全球变化，强烈冲击着占地球表面积71%的海洋，导致占地球物种80%的海洋生物多样性受损和生态系统功能退化，从而对人类生存和发展构成重大风险。岛屿生态系统作为独特的海洋生态系统和生物多样性热点区，兼具海陆双重性质，与人类福祉关系极其密切，为人类提供了丰富多样的生产生活必需品、健康安全的生态环境和独特别致的景观文化，具有极高的生态、经济和社会价值，是保护、发展海洋的重要支点，对推进海洋可持续发展、海洋生态文明建设和国家生物安全保障具有重要意义。但是，岛屿生态系统又极具敏感性和脆弱性，易受外界干扰影响，并且难以恢复。

岛屿形态百千，成因多样。从外观上看，可分为大陆型岛屿、海洋岛屿、湖泊岛屿和人工湖泊路桥岛屿等。其中，海洋岛屿按形成方式分为火山岛、珊瑚岛和冲击岛。例如，因著名生物学家达尔文提出生物进化论而闻名于世的加拉帕戈斯群岛，就是由火山喷发而成的海洋火山岛。

自达尔文和华莱士时代以来，岛屿生态系统在进化生物学、生态学和生物地理学研究中一直处于重要位置，诞生出众多生态学理论。海洋作为生命的摇篮，其海洋生物起源、扩散和物种演化一直以来是生态学领域的热点问题。海洋流通性强，生物多样性却极高，这与种化所需的生殖隔离之间的悖论一直是学术界讨论的焦点。岛屿生态系统相对孤立，形成相对的地理隔离，同时，岛屿毗邻海域生物具备高扩散性、栖息环境连通性和流动性的特点，成为物种演化生物多样性形成机制研究的天然实验室。目前，有关岛屿生态系统研究多集中在岛屿陆上生态系统，岛屿毗邻海域生态系统研究相比陆上生态系统仍显不足。

国际上有关岛屿毗邻海域生态系统研究呈现出多区域、多领域的特点，主要包括海洋生物多样性特征与形成机制（印度-西太平洋地区岛屿、珊瑚礁生态系统、夏威夷群岛、智利西侧群岛）、进化生物学与岛屿生物地理学（加拉帕戈斯群岛、巴西东侧岛群、印度-西太平洋岛屿珊瑚礁群落）、气候变化（南北极岛屿和热带岛屿）、生物入侵（南极洲岛屿和夏威夷群岛）、生物资源修复（智利西侧岛群，如复活节岛）、食物网营养结构（南大洋爱德华王子群岛毗邻海域、阿留申群岛）、海洋保护区和国家公园建立等方面（夏威夷群岛、亚速尔群岛、查戈斯群岛、地中海巴利阿里群岛）。岛屿毗邻海域生态系统为海洋生物提供了关键栖息地，是众多海洋生物的产卵场、索饵场、育幼场，是建设海洋保护区的理想区域，对维持海洋生物多样性发挥着重要作用；独特的岛屿毗邻海域环境为生物多样性形成提供了进化动力。印度-西太平洋地区岛屿（印度-马来西亚-菲律宾群岛）是生物多样性热点区域，例如西太平洋的菲律宾群岛是全球海洋沿岸鱼类中心区，印度洋塞舌尔群岛和查戈斯群岛、智利西侧的复活节岛、胡安·费尔南德斯群岛、德斯文图拉多斯群岛是全球海洋生物多样性的热点区。以国家公园为主体的海洋保护区建立是海洋生物多样性保护的重要手段，位于夏威夷群岛的美国帕帕哈瑙莫夸基亚国家海洋保护区是世界上最大的海洋保护区，印度洋查戈斯群岛是世界上最大的禁捕海洋保护区，地中海巴利阿里群岛的卡布雷拉群岛国家公园是研究生物多样性的典型区域。岛屿毗邻海域也是生物入侵的热点区域，如南极洲岛屿、夏威夷群岛等。有关岛屿毗邻海域食物网结构研究较少，主要集中于南大洋爱德华王子群岛、阿留申群岛。其他研究较多的区域包括韦岛、塞舌尔群岛、加那利群岛、墨西哥马利亚斯岛和法属波利尼西亚等。

我国岛屿众多，广泛分布于温带、热带和亚热带海域。相关研究主要集中在黄渤海域的长山群岛、长岛（又称庙岛群岛），东海海域的舟山群岛、平潭岛、湄洲岛，以及南海海域的海南岛等；研究内容涉及生物多样性、食物网结构、海洋固碳、生态承载力、海洋保护区等。

长岛位于黄渤海交汇处，海洋生物多样性高、生态系统复杂，是我国渔业生物的"博物馆"和海洋环境的"晴雨表"。长岛毗邻海域是黄渤海诸多生物资源的产卵场、索饵场与育幼场，也是多种游泳生物的洄游通道；同时，具有斑海豹、东亚江豚等旗舰物种，是温带海岛-浅海湿地-海洋生态系统的典型代表。2022 年，国务院批复《国家公园空间布局方案》，长岛被列入国家公园及候选区名单，彰显了其在我国生态系统中的重要地位，保护意义重大。

多年以来，我国科学家对长岛毗邻海域开展了诸多研究，多数聚焦在岛屿陆上生态系统、水动力交换、生物多样性、固碳生物资源、生态承载力评估和旗舰物种保护等方面，但有关长岛毗邻海域渔业资源与食物网结构的研究鲜见报道。渔业生物是海洋生物多样性的重要组成部分，涵盖了从初级生产者到顶级捕食者的复杂食物网和关键生态过程，突出了生态系统完整性和原真性。国家公园建设以及科学有效保护应建立在对长岛毗邻海域生态系统全面的调查和评估基础上，因此亟需对该区域渔业资源与栖息环境展开系统研究。

鉴于此，本书基于 2020 年和 2021 年野外调查和监测数据，对长岛毗邻海域底层渔业资源与栖息环境进行系统梳理，阐明了该区域水文环境、化学环境、基础生产力、鱼类早期资源分布以及底层渔业生物多样性、关键种营养生态、食物网营养结构等。本书共为六章：第一章，长岛毗邻海域环境特征（单秀娟、赵永松、孙策策、栾青杉、时永强、张雨轩、李娜、刘永健、韦超执笔）；第二章，长岛毗邻海域鱼类早期资源分布（张雨轩、卞晓东、韦超执笔）；第三章，长岛毗邻海域底层渔业生物多样性（赵永松、单秀娟、杨涛、金显仕、苏程程、韦超、李娜执笔）；第四章，长岛毗邻海域底层渔业生物关键种识别及其季节变化（赵永松、单秀娟、苏程程、杨涛执笔），第五章，长岛毗邻海域关键种营养生态（金显仕、赵永松、陈云龙、单秀娟、韦超执笔）；第六章，长岛毗邻海域底层食物网结构与能量流动（金显仕、赵永松、陈云龙、单秀娟、杨涛、韦超执笔）。

本书的完成主要依托山东长岛近海渔业资源国家野外科学观测研究站观测数据和调研成果，并由国家重点研发计划项目"我国重要渔业水域食物网结构特征与生物资源补充机制"（2018YFD0900900）、崂山实验室"十四五"重大项目"黄河口及其邻近水域生物多样性形成过程与演化"（LSKJ202203800）、山东省重点研发计划（2022CXPT013）、国家自然科学基金项目（42176151）、中央级公益性科研院所基本科研业务费（2022YJ01和20603022022006）和山东省"泰山学者"专项基金共同资助。

感谢为本书出版做出贡献的每一位专家学者，是大家的探索与努力促成了本书出版，希望本书的出版能为岛屿毗邻海域生态系统研究贡献绵薄之力，能为国家和地方有关部门，以及从事资源生态学、食物网营养动力学及海岛生态系统研究的科研院所和高等院校科研人员提供参考，更期盼其能服务于长岛国家公园建设和海洋生态文明建设。由于时间仓促和编者水平有限，疏漏和错误之处难免，望广大读者批评指正。

单秀娟

2022 年 12 月

长岛毗邻海域底层渔业资源与栖息环境

目　录
CONTENTS

长
岛
毗
邻
海
域
底
层
渔
业
资
源
与
栖
息
环
境

第一章 CHAPTER 1

长岛毗邻海域环境特征

第一节　概　　述

一、地理概况

长岛，又称长山列岛，也称庙岛群岛，位于东经 $120°35'38''\sim120°56'56''$、北纬 $37°53'30''\sim38°23'58''$，隶属于山东省烟台市，由 151 个岛屿及其周边海域组成，呈南北纵列于渤海海峡。长岛行政管辖海域面积 $3\,541\ km^2$，海岸线长 187.8 km。长岛曾是山东省唯一的海岛县，现是山东省唯一的海洋生态文明综合试验区。

长岛位于黄渤海交汇处的渤海海峡，北距辽东半岛的旅顺 42 km，南距山东半岛的蓬莱 7 km，西距天津港和黄河口 257 km 和 118 km，东距山东半岛成山头 170 km，东邻韩国日本，具有我国最具代表性的温带海岛-浅海湿地-海洋复合生态系统，具备极高的生态系统完整性和原真性。长岛既是渤海咽喉、京津门户、两大半岛的陆桥，更是维持渤海生态系统运转的关键"泵站"、首都圈的重要海上生态安全屏障，生态区位十分重要，战略位置十分突出（图 1-1）。

长岛由 151 个岛屿和 $3\,541\ km^2$ 的海域组成，其中有居民海岛 10 个，分别是南长山岛、北长山岛、大黑山岛、小黑山岛、庙岛、砣矶岛、大钦岛、小钦岛、南隍城岛、北隍城岛。空间上大致分为南五岛、中部无居民岛和北四岛，整个列岛呈南北纵列于渤海海峡之中，南北长度 56.4 km，东西宽度 30.8 km，岛陆地面积 $61.16\ km^2$。长岛各岛屿中，南长山岛面积最大（$13.21\ km^2$），坡礁岛最小（$0.002\ km^2$）。海拔最高的岛为 202.8 m 的高山岛，海拔最低的岛为 7.2 m 的东咀石岛。南长山岛是长岛行政管理中心所在地，也是山东长岛近海渔业资源国家野外科学观测研究站的所在地（图 1-2）。

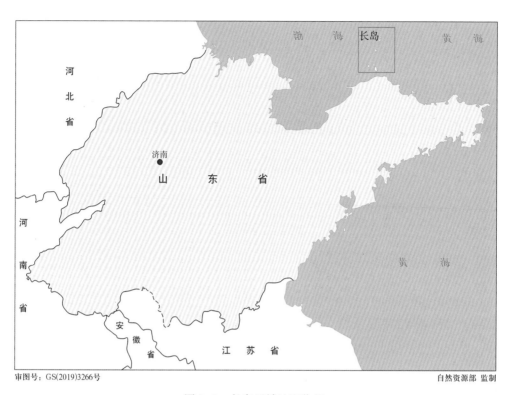

审图号：GS(2019)3266号　　　　　　　　　　　　　　　　　　自然资源部 监制

图 1-1　长岛区域地理位置

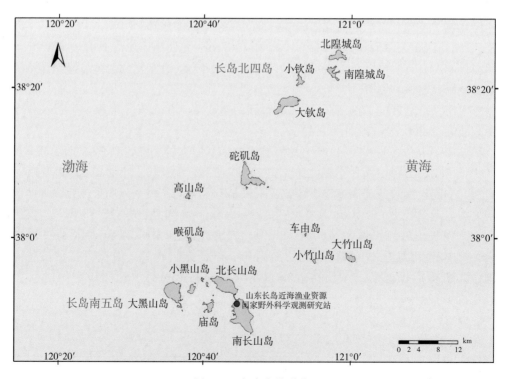

图 1-2　长岛岛屿分布

二、 地质地貌

渤海海峡地处渤海凹陷处东侧，北连辽东隆起，南接胶东隆起，是胶辽隆起的一部分。元古代晚期，长岛是一片陆地，其各个"岛屿"并不分离，与南北陆地连在一起。受地质运动影响，胶辽隆起断陷分离成长岛诸岛的雏形，形成山丘，也是如今渤海海峡的雏形。渤海是一个新生代沉降盆地，历史上曾是一片陆地。由于冰期变化，冰川消融导致上涨的海水沿着胶辽隆起的断陷缺口流入渤海盆地，形成了古渤海湖。而胶辽隆起上的山丘就成了海中的岛屿，构成了长岛（庙岛群岛）。历史上这样的海侵事件曾发生多次，长岛也因此在陆地丘陵和海上岛屿间变更，造就了其丰富的地质地貌。长岛是中国唯一的国家级海岛地质公园，其岛链的特征使其成为黄渤海天然分界线，长山尾地质遗迹特别保护区也由此而来。丰富的岛屿与独特的地质类型组成多样的地质资源，例如海积、海蚀、火山、黄土等。在多因素的影响下，长岛呈现出多地貌的特点，主要包括海岸地貌、黄土地貌和剥蚀丘陵3种类型。岛屿间有大小水道14条，南部岛屿间海底地势基本平坦，平均水深10余米；北部岛屿间水深变化大，海底地势起伏较大。

三、 历史沿革

长岛古为莱夷之地，秦朝属黄县，唐神龙三年（公元707年）归蓬莱县管辖。1929年设长山岛行政区，隶属山东省府。1945年8月，成立长山岛特区，隶属北海专属。1949年8月长岛解放后，仍设长山岛特区。1956年5月，长岛县隶属莱阳专区，后隶属烟台专区。1963年10月恢复长岛县，隶属烟台专区。1983年11月隶属烟台市。2018年6月，山东省政府批复设立长岛海洋生态文明综合试验区。2020年6月，国务院批复撤销蓬莱市、长岛县，设立蓬莱区，以原蓬莱市、长岛县的行政区域为蓬莱区行政区域；是年9月1日，蓬莱区正式挂牌，长岛按照省级海洋生态文明建设功能区体制独立运转。

四、 人口区划

长岛众多岛屿中有居民岛为10个，辖2个镇（南长山镇、砣矶镇），6个乡（北长山乡、黑山乡、大钦岛乡、小钦岛乡、南隍城乡、北隍城乡），40个行政村（居委会）。2021年末，全市（县、区）总人口为41 489人，其中城镇人口为22 262人。2020年出生率为5.18‰，死亡率为6.91‰，人口自然增长率为−1.73‰（图1-3）。

五、 自然环境

（一）气温

长岛地处东亚季风区，属暖温带大陆性季风气候，但因其四面环海，兼有海洋性气候特点，四季分明。全年平均温度为11.0～12.0℃，春季（3～5月）温度为1.6～21.3℃，夏季（6～8月）为17.5～27.8℃，秋季（9～11月）为6.1～24.8℃，冬季（12月至次年2月）为−3.1～3.0℃。近30年来，1月平均气温最低，约为−0.6℃；8月最高，约为24.8℃。总体来说，长岛春、夏季气温没有出现过高和过低现象，气候温和。近5年来，平均温度为13.4℃，极端温度最高达到36.4℃，最低为−13.7℃。

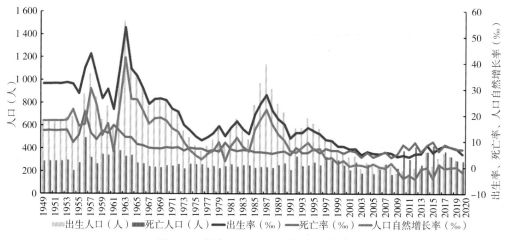

图 1-3　长岛 1949~2020 年人口情况

数据来自长岛统计年鉴（2016~2020 年）

（二）降水

水资源是关系到生态环境和国计民生的重要因素。然而，海岛不同于陆地，由于通常没有过境河流，地下水开发难度大，海水淡化和大陆引水耗资大等因素，海岛淡水资源几乎全靠降水。长岛降水量年度、年内分布极为不均。2016~2020 年年均降水量为 544.2 mm，8 月平均降水量最多，为 227 mm；12 月最少，为 9.2 mm。1981~2010 年，年度最大降水量为 950.8 mm（2009）；最小为 204.7 mm（1986）；最大降水量是最小降水量的 4.6 倍。年内降水四季差异较大，春季（3~5 月）平均降水量为 91.3 mm，夏季（6~8 月）为 331.1 mm，秋季（9~11 月）为 93.4 mm，冬季为 28.8 mm（图 1-4）。基本呈现出夏季降水多、冬季降水少的特点。夏季降水量占全

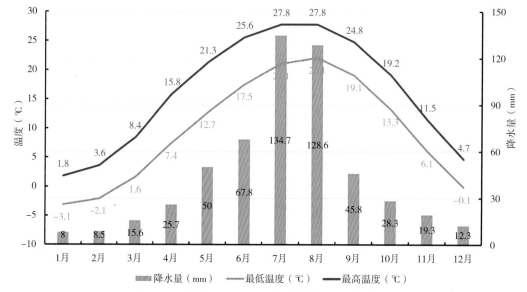

图 1-4　长岛 1981~2010 年月平均温度和降水量

数据来自中央气象台公开数据

年降水量的 60％，冬季仅占 5％。长岛境内降水量在地理上呈现出由南至北减少的趋势。

（三）湿度

长岛全年相对湿度变化不大，最大值出现在 7、8 月，达到 84％；最小值出现在 3、4 月，为 62％。其湿度变化与温度、降水有关。

（四）风况

长岛所处的渤海海峡位于西伯利亚和内蒙古季风风道，风大且多，是全国三大风场之一，也是开展风力发电的良好区域。受季风影响，夏季多偏南风，冬季多偏西北大风。年平均风速为 5.9 m/s，为 3～4 级风（3.4～7.9 m/s）。平均风速冬季最大，其次是春季，夏季最小。年均大风日 67.8 d，全年大风日数冬季最多，夏季最少，最大风速为 40 m/s（1985 年）。

（五）日照

长岛全年日照总时历年平均为 2 612 h，年日照率为 59.6％。平均日照时最大值出现在 5 和 10 月，最小值出现在 12 月。2016～2020 年均日照时为 2 592.3 h，12 月月均日照时最低，为 144.3 h；5 月最高，为 277.6 h。

（六）雾况

长岛年平均雾日为 27 d，春、夏两季（4～7 月）雾日较多，以南隍城岛最多，北长山岛最少。

（七）海浪海流

长岛毗邻海域的海浪多为风浪，受季风影响，秋冬季多偏北风浪，夏季多偏南风浪。冬季风大，浪高为全年最高，平均浪高 1.1 m；春、夏季最低，为 0.5 m。受台风影响，历年最大浪高曾达到 10 m。

长岛毗邻海域北部是黄海暖流进入渤海的分支，南侧是流出渤海的鲁北沿岸流。长岛毗邻海域是黄渤海水动力交换与生物洄游的生态通道。

（八）潮汐潮流

长岛海域的潮汐性质属正规半日潮，其规律是一昼夜两涨两退。长岛海域潮流以往复流为主，涨潮多以西流向为主，落潮则为东流向。主要水道多为东西流，港湾多为回湾流；北部水道为西流，南部水道为东流，这种北进南出的规律在冬季尤为明显。

（九）热带气旋

途经长岛的热带气旋（台风）多为北上台风，多发生在每年的 7、8 月。北上台风虽然不多，但一旦形成，往往会给环渤海地区造成严重的灾害和损失。2022 年 12 号台风"梅花"从日照、青岛登陆，穿过山东半岛，进入渤海海峡，带来大风和暴雨，给长岛当地的养殖与捕捞船只造成巨大影响。

六、 渔业概况

长岛四面环海，水道众多，其毗邻海域是连通黄渤海的生态通道，是渔业生物的天然栖息地，是洄游性鱼类和大型无脊椎动物进入渤海产卵或游离渤海南下的必经之路，孕育出丰富的渔业资源。主要渔业种类有褐牙鲆（*Paralichthys olivaceus*）、大泷六线鱼（*Hexagrammos otakii*）、白姑鱼（*Pennahia argentata*）、花鲈（*Lateolabrax japonicus*）、孔鳐（*Raja porosa*）、许氏平鲉（*Sebastes schlegelii*）等底层鱼类，蓝点马鲛（*Scomberomorus niphonius*）、鳀（*Engraulis japonicus*）、银鲳（*Pampus argenteus*）、黄鲫（*Setipinna tenuifilis*）等中上层鱼类，季节性渔业捕捞量较大。主要养殖种类有海参（*Stichopus japonicus*）、光棘球海胆（*Strongylocentrotus nudus*）、栉孔扇贝（*Azumapecten farreri*）、皱纹盘鲍（*Haliotis discus hannai*）、海带（*Laminaria japonica*）等海产品，被称为中国"鲍鱼之乡""扇贝之乡"和"海带之乡"。长岛的农业总产值主要由农业产值、林业产值、牧业产值、渔业产值和农林牧渔服务业等组成。2000~2020年，渔业产值约占农业总产值的87%（图1-5）。渔业捕捞和水产养殖构成了长岛的支柱产业，在国民生产总值中占主要地位。不过，由于长岛近岸养殖腾退、渤海渔业资源衰退、伏季休渔等因素，渔业产值在农业总产值中的贡献呈现逐年下降的趋势，近年有所好转。

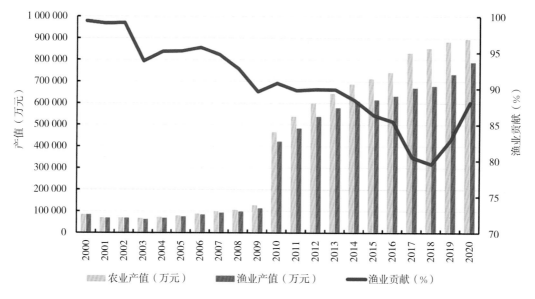

图1-5　2000~2020年渔业产值占农业总产值情况

数据来自长岛统计年鉴（2000~2020年）

（一）捕捞概况

长岛渔业捕捞主要为近岸捕捞，捕捞对象主要为鱼类和贝类。2020年，捕捞船只共有191艘，近15年呈现逐年下降的趋势，2006年渔业捕捞船只曾达到633艘（图1-6）。渔用网具主要包括鲅鱼流网、锚网、拖轻网、坛子网和其他网具，其中以鲅鱼流网为主，占到约40%。长岛渔业捕捞产量10年间总体呈现下降趋势，从2015年高值133 430 t下降到2020年低值95 636 t。其中鱼类捕捞产量与总体产量变化趋势一致，贝类捕捞产量年际变化波动不大（图1-7）。

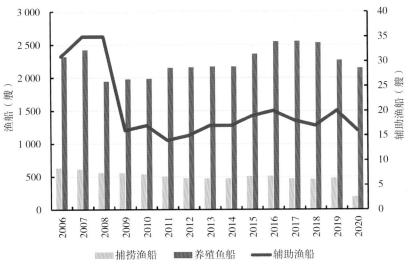

图 1-6　2006～2020 年间长岛渔船数量年际变动

数据来自长岛统计年鉴（2006～2020 年）

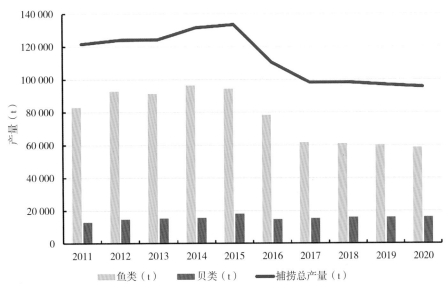

图 1-7　2011～2020 年间长岛捕捞产量年际变化

数据来自长岛统计年鉴（2011～2020 年）

（二）养殖概况

长岛毗邻海域养殖面积为 54 785 hm^2，主要养殖类型有普通网箱养殖、深水网箱养殖（海洋牧场养殖）、筏式养殖、吊笼养殖、底播养殖。网箱养殖是最主要的养殖方式，其次为吊笼养殖、底播养殖和筏式养殖（图 1-8）。深水网箱养殖主要集中分布在离岛 2 km 以上的海域，底播养殖和筏式养殖主要集中于岛屿近岸。底播养殖以海参、海胆和鲍等底层养殖对象为主，筏式养殖以海带和贝类为主。

长岛养殖区主要集中在中部岛屿和南五岛，少量分布于北四岛，2020 年总产量 319 494 t

养殖面积

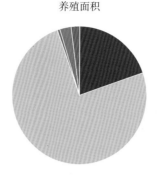

■普通网箱　■深水网箱　■筏式养殖　■吊笼养殖　■底播养殖

图 1-8　长岛主要养殖类型面积占比

数据来自长岛统计年鉴（2016～2020 年）

（图 1-9）。贝类养殖区广泛分布于砣矶岛、大竹山岛、小竹山岛、喉矶岛和庙岛周边海域，养殖种类主要包括栉孔扇贝、虾夷扇贝（*Mizuhopecten yessoensis*）和牡蛎。2020年长岛养殖贝类总产量为 114 645 t。大型藻类养殖区主要集中在北四岛毗邻海域，以南隍城岛周边海域为核心养殖区。2020 年长岛海带总产量为 42 550 t。鱼类养殖区集中在大钦岛周边海域，主要通过网箱养殖许氏平鲉。海珍品养殖主要分布在南长山岛和北四岛毗邻海域。截至 2021 年，长岛累计确权海洋牧场用海 2 327 hm²，主要集中分布在长岛以东海域。从 2011 年开始，长岛毗邻海域养殖区面积和产量取得较明显增长，之后维持在稳定水平（图 1-10、图 1-11）。

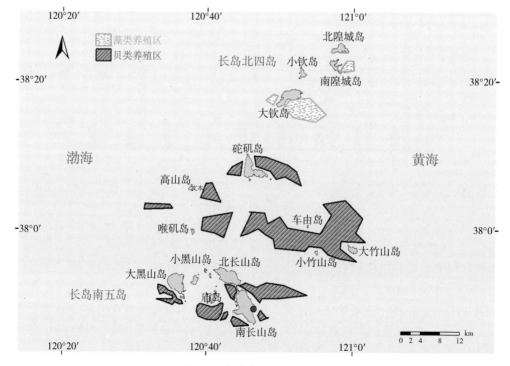

图 1-9　长岛养殖区分布示意

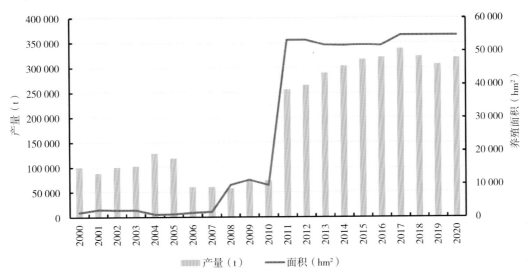

图 1-10　2000～2020 年长岛养殖区面积与养殖产量的年际变化

数据来自长岛统计年鉴（2000～2020 年）

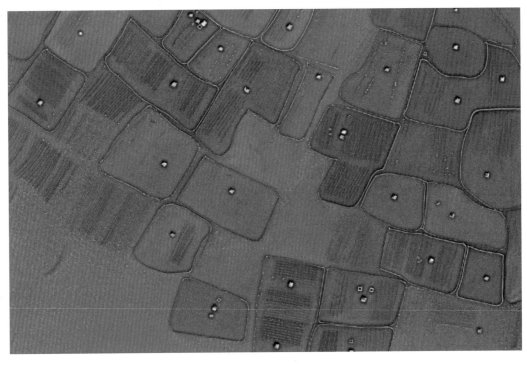

图 1-11　北长山岛西南部扇贝养殖区

七、保护区概况

海洋保护区（Marine Protective Areas，MPAs）是为保护海洋环境和海洋资源而划出界线加以特殊保护的具有代表性的自然区域，是保护海洋生物多样性、防止海洋生态环境恶化的重要手段之一。1962 年，世界国家公园大会首次提出了海洋自然保护区的概念，自此之后，世界各国开始在沿海地区建立起海洋保护区。以国家公园为主体的海洋保护区建立是保护海洋生物多样性的重要手段。长岛由于其独特的地理区域与生态特征而成为发展海洋经济与保护海洋生态的重要平台，目前长岛已拥有国家级自然保护区、国家海洋公园、国家重点生态功能区等 9 个国家级区划。主要保护区包括山东长岛国家级自然保护区、庙岛群岛斑海豹自然保护区（省级）、长岛国家级海洋公园、长岛长山尾地质遗迹自然保护区、庙岛群岛海洋自然保护区（省级）、蓬莱登州浅滩国家级生态特别保护区等（图 1-12）。长岛在功能区规划上设有多处禁止区和限制区（图 1-13）。

2022 年，国务院批复《国家公园空间布局方案》，长岛被列入国家公园及候选区名单，彰显出长岛及其毗邻海域在我国生态系统中的重要价值。国家公园是指以保护具有国家代表性的自然生态系统为主要目的，实现自然资源科学保护和合理利用的特定陆域或海域，是我国自然生态系统中自然景观独特、自然遗产宝贵、生物多样性富集的重要部分，保护范围大，生态过程完整，具有全球价值和国家象征意义。长岛国家公园位于"渤黄海海洋海岛生态地理区"，核心价值突出，是温带海岛-浅海湿地-海洋生态系统的典型代表，亦是黄渤海重要生态屏障及珍稀物种重要栖息地和洄游、迁徙通道，拥有独特的海洋、海岛地质遗迹，保护意义重大。

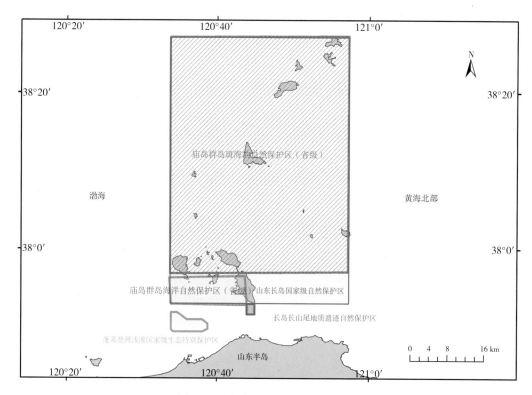

图 1-12　长岛主要自然保护区示意

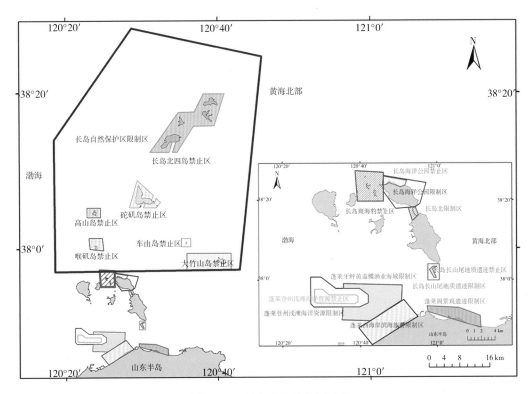

图 1-13　长岛功能区规划示意

第二节　水文环境

长岛毗邻海域为许多生物提供了良好的栖息环境和洄游、迁徙通道，拥有多个国家级和省级水产种质资源保护区，生态环境较为特殊（赵永松等，2022；王玮云等，2022；喻龙等，2017；王恩康和池源，2017；范国坤等，2005；徐艳东等，2015）。同时，该海域也是重要的水产养殖区、航运通道、旅游景区和能源开发区，受人类活动影响较大，因此掌握该区域海洋环境状况，为长岛毗邻海域生态系统的研究和保护提供基础资料和科学依据，具有重要的生态价值和经济价值。笔者于 2021 年 3～12 月对受人类活动影响较大的长岛南五岛毗邻海域水体温度和盐度进行了测定分析，主要内容如下。

一、 材料与方法

依托山东长岛近海渔业资源国家野外科学观测研究站，于 2021 年 3～12 月在长岛毗邻海域逐月开展综合采样，每个航次 10 个站位。调查船为鲁昌渔 64756 及鲁昌渔 65678，表、底层水体温度和盐度采用 CTD（美国 SeaBird 公司）和 YSI 水质分析仪测得。

二、 水温分布

2021 年 3～12 月调查海域水体表、底层温度变化如图 1-14 和表 1-1 所示。调查海域水温整体呈现夏季高、冬季低的特征。3 月水温变化范围在 5.1～6.8℃，平均值为 5.9℃。其中表层水温变化范围在 5.1～6.5℃，平均值为 5.7℃；底层水温变化范围在 5.1～6.8℃，平均值为 6.2℃，高于表层水温。表、底层水温高值出现在长岛西北侧和南侧海域，低值出现在东南侧海域。

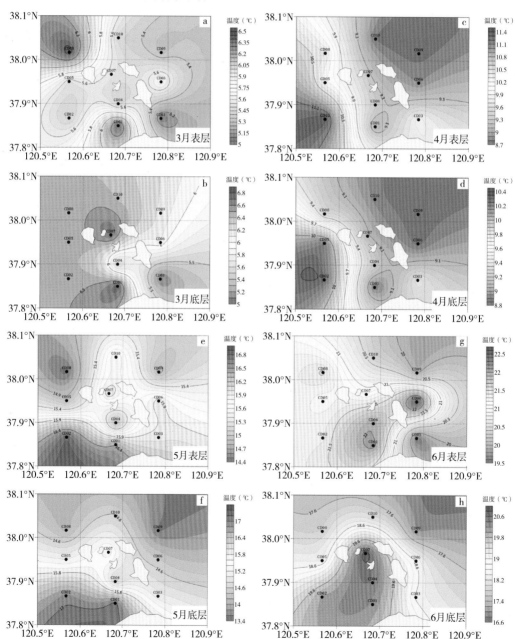

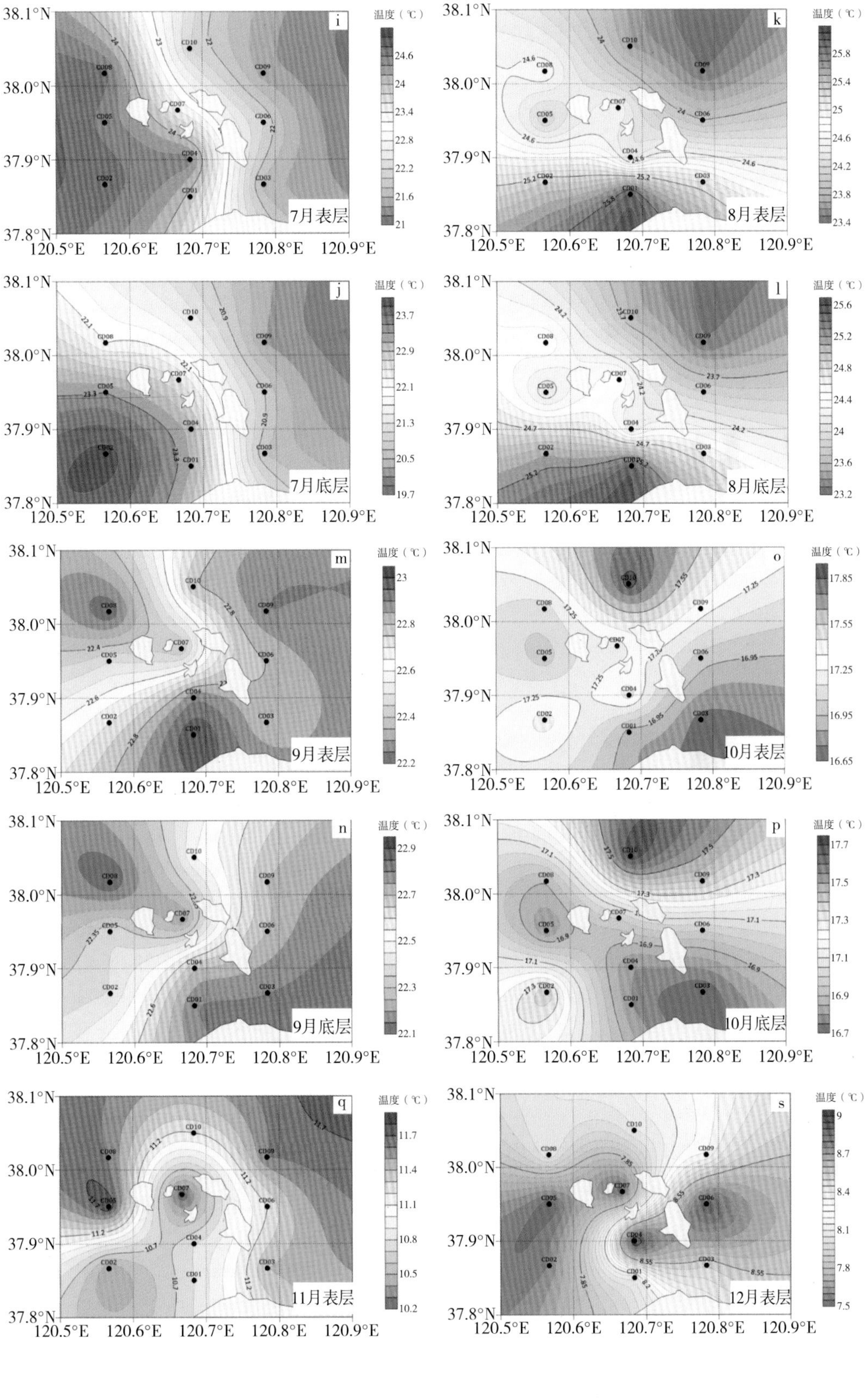
i
7月表层
k
8月表层
j
7月底层
l
8月底层
m
9月表层
o
10月表层
n
9月底层
p
10月底层
q
11月表层
s
12月表层
温度（℃）
38.1°N
38.0°N
37.9°N
37.8°N
120.5°E
120.6°E
120.7°E
120.8°E
120.9°E

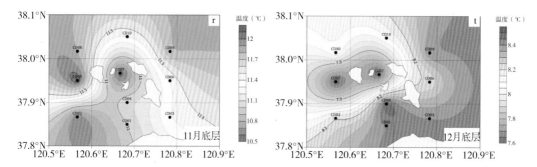

图 1-14 长岛毗邻海域水体表、底层温度平面分布

表 1-1 长岛毗邻海域表、底层温度（℃）

月份	表层		底层	
	范围	平均值	范围	平均值
3	5.1～6.5	5.7	5.1～6.8	6.2
4	8.8～11.4	9.6	8.9～10.3	9.3
5	14.4～16.8	15.6	13.6～17.1	15.2
6	19.6～22.6	21.2	17.0～20.8	19.0
7	21.5～24.7	23.3	20.3～24.0	22.1
8	23.5～26.0	24.6	23.3～25.5	24.3
9	22.2～23.0	22.7	22.1～22.8	22.5
10	16.7～17.9	17.2	16.7～17.7	17.1
11	10.2～11.8	11.1	10.5～12.1	11.3
12	7.5～9.0	8.2	7.6～8.5	8.2

4月水温变化范围在8.8～11.4℃，平均值为9.5℃。其中表层水温变化范围在8.77～11.4℃，平均值为9.6℃；底层水温变化范围在8.9～10.3℃，平均值为9.3℃，低于表层水温。表、底层水温高值出现在长岛西南侧海域，低值集中在东北侧海域。

5月水温变化范围在13.6～17.1℃，平均值为15.4℃。其中表层水温变化范围在14.4～16.8℃，平均值为15.6℃；底层水温变化范围在13.6～17.1℃，平均值为15.2℃，略低于表层水温。表、底层水温高值均集中在长岛西南侧海域；表层低值出现在长岛西北侧海域，底层低值出现在长岛东北侧海域。

6月水温变化范围在17.0～22.6℃，平均值为20.1℃。其中表层水温变化范围在19.6～22.6℃，平均值为21.2℃；底层水温变化范围在17.0～20.8℃，平均值为19.0℃，低于表层水温。表、底层水温高值集中在长岛周围海域，低值集中在东北侧海域。

7月水温变化范围在20.3～24.7℃，平均值为22.7℃。其中表层水温变化范围在

21.5～24.7℃，平均值为 23.3℃；底层水温变化范围在 20.3～24.0℃，平均值为 22.1℃，低于表层水温。表、底层水温高值集中在长岛西侧海域，低值集中在东侧偏北海域。

8 月水温变化范围在 23.3～26.0℃，平均值为 24.4℃。其中表层水温变化范围在 23.5～26.0℃，平均值为 24.6℃；底层水温变化范围在 23.3～25.5℃，平均值为 24.3℃，略低于表层水温。表、底层水温高值集中在长岛南侧海域，低值同 8 月相似，集中在东北侧海域。

9 月水温变化范围在 22.1～23.0℃，平均值为 22.6℃。其中表层水温变化范围在 22.2～23.0℃，平均值为 22.7℃；底层变化范围在 22.1～22.8℃，平均值为 22.5℃，略低于表层水温。表、底层水温高值集中在长岛南侧和东侧海域，低值均集中在西北侧海域。

10 月水温变化范围在 16.7～17.9℃，平均值为 17.1℃。其中表层水温变化范围在 16.7～17.9℃，平均值为 17.2℃；底层水温变化范围在 16.7～17.7℃，平均值为 17.1℃，接近表层水温。表、底层水温高值集中在长岛北侧海域，低值集中在东南侧海域。

11 月水温变化范围在 10.2～12.1℃，平均值为 11.2℃。其中表层水温变化范围在 10.2～11.8℃，平均值为 11.1℃；底层水温变化范围在 10.5～12.1℃，平均值为 11.3℃，略高于表层水温。表、底层水温分布相似，高值集中在长岛西侧和东北侧海域，低值集中在中部和西南侧海域。

12 月水温变化范围在 7.5～9.0℃，平均值为 8.2℃。其中表层水温变化范围在 7.5～9.0℃，平均值为 8.2℃；底层水温变化范围在 7.6～8.5℃，平均值为 8.2℃，接近表层水温。表、底层水温高值集中在长岛近南侧和东部外侧海域，低值集中在中部和西侧海域。

调查海域水温四季变化明显，受日照和海流共同影响。春季开始至夏季 7 月，黄海冷水团中心影响范围逐渐扩大，一个冷中心位于渤海海峡东侧（于非等，2006；韦章良等，2015；姚志刚等，2012），因此可以明显看到长岛东侧海域水温低于西侧。夏季，黄海冷水团已经完全形成，中心位置约在 122.4°E、38.2°N 处，分布范围达到 121.3°E～124.0°E、37.0°N～38.9°N（姚志刚等，2012），因此夏季长岛东侧海域可以看到水温低值。秋季处于夏季向冬季的过渡期，北黄海冷水团强度和范围均有所减弱，至冬季冷水团基本消失。冬季大风频繁，有利于黄海暖流北上增强海水流动，暖水舌沿黄海中央自南向北延伸至渤海海峡附近（姚志刚等，2012；韦章良等，2015），因此冬季长岛海域水温低值多集中在近岸和岛屿附近，而东侧海域水温较高。

三、 盐度分布

2021 年 3～12 月调查海域水体表、底层盐度（无量纲）变化如图 1-15 和表 1-2 所示。3 月盐度变化范围在 32.2～32.6，平均值 32.5，盐度差异较小；表、底层盐度范围均为 32.2～32.6，平均值均为 32.5，在空间分布上整体呈现长岛北部高于南部的特征。

4月盐度变化范围在29.5～31.6，平均值为31.0。其中表层盐度变化范围在29.5～31.4，平均值为30.9，其分布呈现由中间向外辐射升高的结果，最低值出现在长岛中南部海域，高值分布在调查海域外侧；底层盐度变化范围在30.9～31.6，平均值为31.2，高于表层水体盐度，其高值出现在长岛东北侧海域，低值同表层水体，集中分布在中南部海域。

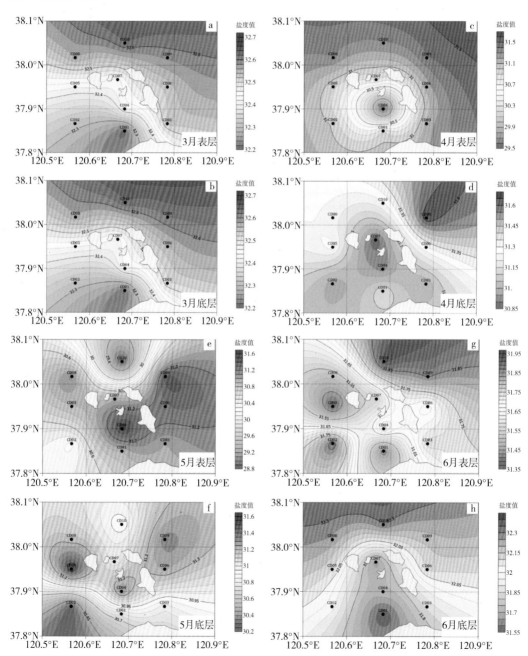

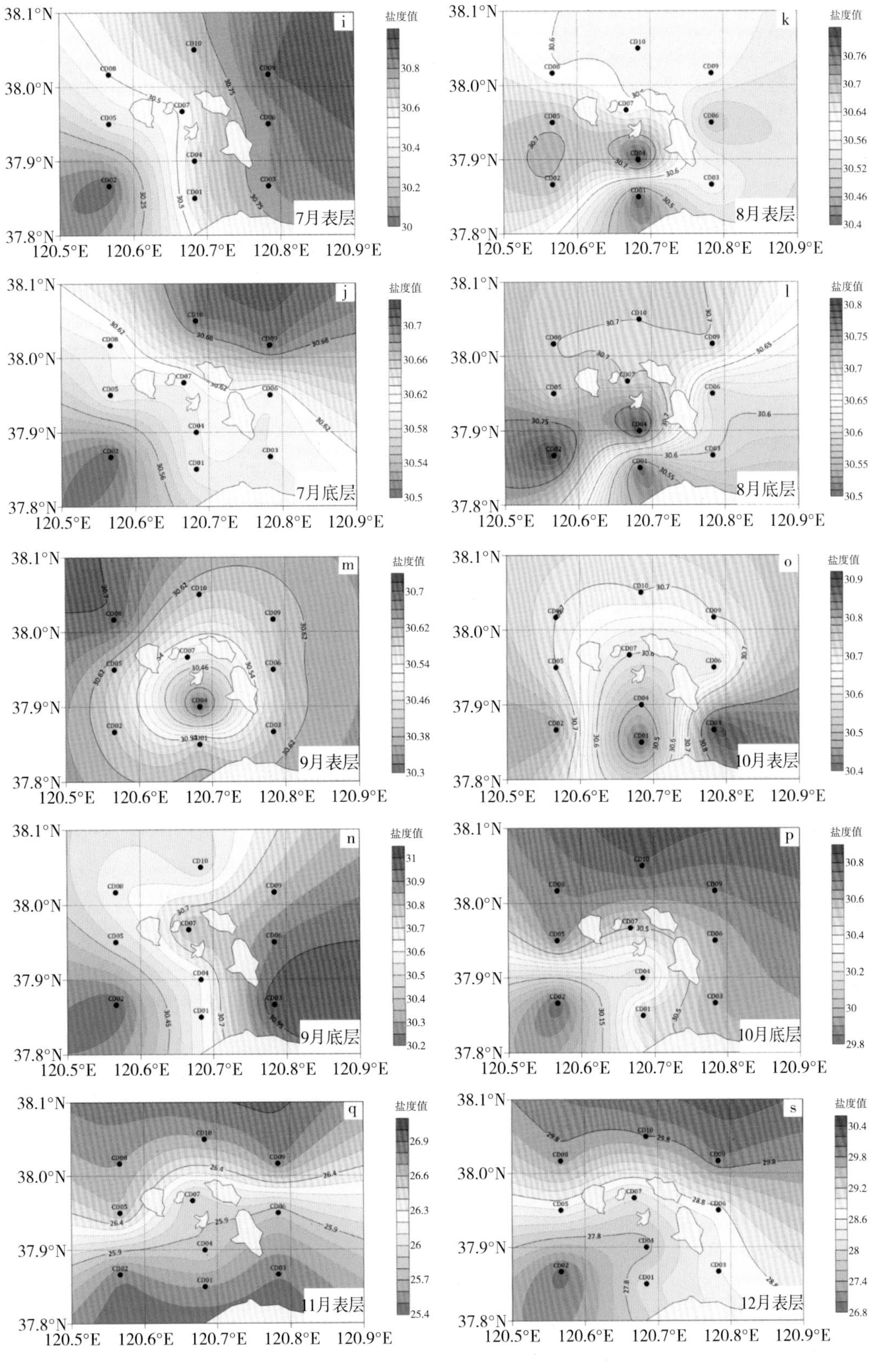
i
7月表层
盐度值
k
8月表层
盐度值
j
7月底层
盐度值
l
8月底层
盐度值
m
9月表层
盐度值
o
10月表层
盐度值
n
9月底层
盐度值
p
10月底层
盐度值
q
11月表层
盐度值
s
12月表层
盐度值
38.1°N
38.0°N
37.9°N
37.8°N
120.5°E
120.6°E
120.7°E
120.8°E
120.9°E

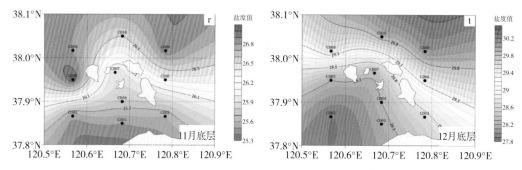

图 1-15 长岛毗邻海域水体表、底层盐度平面分布

表 1-2 长岛毗邻海域表、底层盐度

月份	表层		底层	
	范围	平均值	范围	平均值
3	32.2~32.6	32.5	32.2~32.6	32.5
4	29.5~31.4	30.9	30.9~31.6	31.2
5	28.8~31.6	30.8	30.3~31.5	31.0
6	31.4~31.9	31.7	31.5~32.3	32.0
7	30.0~30.9	30.6	30.2~31.0	30.7
8	30.4~30.8	30.6	30.5~30.8	30.7
9	30.3~30.7	30.6	30.5~30.7	30.6
10	30.4~30.9	30.7	29.8~30.8	30.5
11	25.5~26.8	26.1	25.5~27.0	26.2
12	26.9~30.0	28.6	27.9~30.1	28.9

5月盐度变化范围在28.8~31.6，平均值为30.9。其中表层盐度变化范围在28.8~31.6，平均值为30.8，高值分布在长岛中南侧和东北侧海域，低值出现在长岛北侧海域；底层盐度变化范围在30.3~31.5，平均值为31.0，略高于表层盐度，高值出现在长岛西侧海域，低值出现在西南侧海域。

6月盐度变化范围在31.4~32.3，平均值为31.8。其中表层盐度变化范围在31.4~31.9，平均值为31.7，高值分布在长岛北部海域，低值集中在群岛西侧和南侧海域；底层盐度变化范围在31.5~32.3，平均值为32.0，略高于表层。在空间分布上，水体盐度高值同样分布在长岛北部海域，低值集中在中部和南侧海域。

7月盐度变化范围在30.0~31.0，平均值为30.6，盐度变化较小。其中表层盐度变化范围在30.0~30.9，平均值为30.6；底层盐度变化范围在30.2~31.0，平均值为30.7，和表层盐度相近。表、底层盐度在空间分布上具有相似性，低值均集中在长岛西南侧海域，高值集中分布在东北侧海域。

8月盐度变化范围在30.4~30.8，平均值为30.7，盐度变化较小。其中表层盐度变化范围在30.4~30.8，平均值为30.6；底层盐度变化范围在30.5~30.8，平均值为30.7，和表层盐度相近。表、底层盐度在空间分布上具有相似性，低值均集中在长岛南侧海域，高值集中分布在中南部和西南侧海域。

9月盐度变化范围在30.3～30.7，平均值为30.6，盐度与7月和8月接近，变化较小。其中表层盐度变化范围在30.3～30.7，平均值为30.6，其分布同4月相似，呈现由中间向外辐射升高的结果，低值出现在长岛中南侧海域，高值分布在调查海域外侧；底层盐度变化范围在30.5～30.7，平均值为30.6，高值出现在东南侧海域，低值出现在西南侧海域。

10月盐度变化范围在29.8～30.9，平均值为30.6。其中表层盐度变化范围在30.4～30.9，平均值为30.7，其分布呈现由南侧向外辐射升高的结果，低值出现在长岛南侧海域，高值出现在东南侧海域；底层盐度变化范围在29.8～30.8，平均值为30.5，高值分布在北侧海域，低值出现在西南侧海域。

11月盐度变化范围在25.5～27.0，平均值为26.1。其中表层盐度变化范围在25.5～26.8，平均值为26.1；底层盐度变化范围在25.5～27.0，平均值为26.2，略高于表层。表、底层水体盐度分布在空间上具有相似性，整体表现为长岛北部海域高于南部海域。

12月盐度变化范围在26.9～30.1，平均值为28.8。其中表层盐度变化范围在26.9～30.0，平均值为28.6；底层盐度变化范围在27.9～30.1，平均值为28.9，高于表层水体盐度。表、底层盐度在空间分布上具有相似性，高值集中分布在长岛东北部海域，低值集中分布在西南侧海域。

调查海域盐度变化受陆源淡水输入和周边海流共同作用，春季盐度最高。夏季渤海海峡盐度分布南北均衡，除了近岸受陆源淡水输入影响而盐度较低外，等盐线较春季平直，反映不出海水进出海峡态势（张志欣等，2010）。调查海域盐度变化较小。冬季东北季风盛行，盐度较高的北黄海水从渤海海峡的北、中部进入渤海，高盐水舌可以到达渤海中部（张志欣等，2010；林霄沛等，2002；魏泽勋等，2003），长岛北部海水盐度会明显高于南部近岸区域。春季处于冬季向夏季的过渡期，由于东北季风的减弱，北黄海水入侵势力明显减弱（张志欣等，2010），但在长岛东北部仍能观察到高盐水入侵现象；秋季处于夏季向冬季的过渡期，与夏季相比，沿鲁北海岸向东伸展的低盐水舌开始出现，因此可以在长岛西南侧观察到盐度较低的现象。

第三节　化学环境

一、材料与方法

于2021年3～12月在长岛毗邻海域逐月开展综合采样，每个航次调查站10个，水体的溶解氧和pH采用YSI水质分析仪现场观测。各站位表、底层水样采用HQM-1型有机玻璃采水器采集。

采样结束后，立即取一定体积的水样用孔径0.45 μm的聚醚砜滤膜（预先用1∶1 000 HCl浸泡24 h，并以Milli-Q水洗涤至中性）过滤，滤液−20℃冷冻保存，用于测定水体中的溶解态营养盐。

水体中溶解态铵盐、亚硝酸盐、硝酸盐、磷酸盐和硅酸盐的测定根据《海洋监测规范第4部分：海水分析》（GB17378.4—2007），分别采用靛酚蓝法、重氮偶氮法、镉铜还原重氮偶氮法、磷钼蓝法和硅钼蓝法，由营养盐自动分析仪（SEAL，QuAAtro，

Germany）测定。仪器采用 5 cm 比色计，其检出限分别为 0.040、0.003、0.015、0.024 和 0.030 μmol/L，精密度均小于 0.3%，测试过程中标准曲线相关性大于 0.999，并插入标准品（GBW08631、GBW08641、GBW08637、GBW08623 和 GBW08645）进行校准。溶解无机氮（DIN）由铵盐、亚硝酸盐和硝酸盐三部分组成。

二、 溶解氧分布

2021 年 4、5、6、7 和 8 月调查海域水体表、底层溶解氧含量变化如图 1-16 和表 1-3 所示，其整体呈现春季大于秋季的特征，这种季节性变化主要与水温有关（$p < 0.01$）。

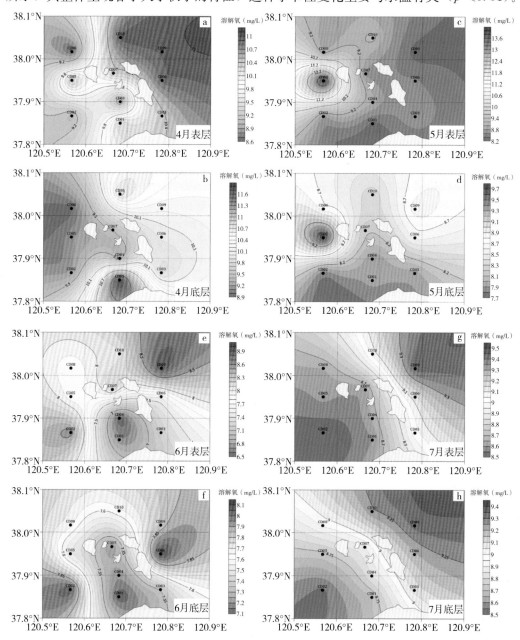

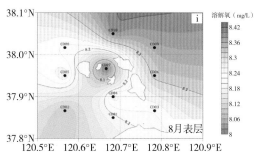

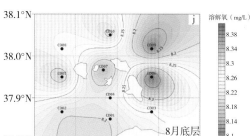

图 1-16 长岛毗邻海域水体表、底层溶解氧平面分布

表 1-3 长岛毗邻海域表、底层溶解氧（mg/L）

月份	表层		底层	
	范围	平均值	范围	平均值
4	8.63~11.00	10.10	8.94~11.80	9.89
5	8.30~14.00	9.27	7.77~9.73	8.41
6	6.50~8.93	7.75	7.10~8.10	7.56
7	8.52~9.43	8.83	8.54~9.32	8.95
8	8.00~8.39	8.23	8.10~8.40	8.24

4 月调查海域溶解氧含量变化范围在 8.63~11.80 mg/L，平均值为 9.98 mg/L。其中表层溶解氧含量变化范围在 8.63~11.00 mg/L，平均值为 10.10 mg/L，其分布整体呈现西侧低、东侧高的结果，高值集中分布在长岛东北侧海域，低值出现在长岛西北侧和近南侧海域；底层溶解氧含量变化范围在 8.94~11.80 mg/L，平均值为 9.89 mg/L，低值同样集中在长岛西侧海域，高值出现在长岛南侧海域。

5 月溶解氧含量变化范围在 7.77~14.00 mg/L，平均值为 8.84 mg/L。其中表层溶解氧含量变化范围在 8.30~14.00 mg/L，平均值为 9.27 mg/L，其分布整体呈现西侧高、东侧和南侧低的结果；底层溶解氧含量变化范围在 7.77~9.73 mg/L，平均值为 8.41 mg/L，低于表层溶解氧含量，高值（同表层）分布在长岛西侧，低值集中在长岛南侧海域。

6 月溶解氧含量变化范围在 6.50~8.93 mg/L，平均值为 7.65 mg/L。其中表层溶解氧含量变化范围在 6.50~8.93 mg/L，平均值为 7.75 mg/L；底层溶解氧含量变化范围在 7.10~8.10 mg/L，平均值为 7.56 mg/L，和表层含量接近。表、底层溶解氧分布特征较为相似，低值均集中在长岛南部海域，高值分布在长岛西南侧、东北侧和东侧海域。

7月溶解氧含量变化范围在8.52～9.43 mg/L，平均值为8.89 mg/L。其中表层溶解氧含量变化范围在8.52～9.43 mg/L，平均值为8.83 mg/L；底层溶解氧含量变化范围在8.54～9.32 mg/L，平均值为8.95 mg/L，略高于表层溶解氧含量。表、底层溶解氧在空间分布上具有一致性，高值整体上集中分布在长岛东北侧海域，低值集中分布在长岛西南侧海域。

8月溶解氧含量变化范围在8.00～8.40 mg/L，平均值为8.24 mg/L，溶解氧含量变化较小。其中表层溶解氧含量变化范围在8.00～8.39 mg/L，平均值为8.23 mg/L，高值分布在长岛东北侧海域，低值集中出现在长岛中部海域；底层溶解氧含量变化范围在8.10～8.40 mg/L，平均值为8.24 mg/L，高值集中在长岛东部海域，低值分布在长岛东北侧和中部海域。

三、 pH分布

2021年6、7、8、9、10、11和12月调查海域水体表、底层pH含量变化如图1-17和表1-4所示。6月pH变化范围在7.45～9.51，平均值为8.29。其中表层水体pH变化范围在7.45～9.51，平均值为8.32，高值出现在长岛东北侧海域，低值出现在长岛近南侧海域；底层水体pH变化范围在7.69～8.78，平均值为8.27，高值出现在长岛西北侧海域，低值（同表层）出现在长岛近南侧海域。

7月pH变化范围在8.06～8.23，平均值为8.15。其中表层水体pH变化范围在8.06～8.22，平均值为8.15；底层水体pH变化范围在8.08～8.23，平均值为8.14，和表层接近。表、底层pH在空间分布上具有相似性，高值均出现在长岛西南侧海域，低值分布在长岛中部和东南侧海域。

8月pH变化范围在7.94～8.10，平均值为8.05。其中表层水体pH变化范围在7.94～8.09，平均值为8.04；底层水体pH变化范围在7.95～8.10，平均值为8.05，和表层接近。表、底层pH在空间分布上具有相似性，高值集中分布在长岛东北侧海域，低值分布在长岛中部和西南侧海域。

9月pH变化范围在8.07～8.18，平均值为8.15。其中表层水体pH变化范围在8.07～8.18，平均值为8.15，在空间分布上呈现由中间向外辐射升高的结果，低值出现在长岛中部海域，高值出现在长岛外围海域；底层水体pH变化范围在8.14～8.17，平均值为8.16，变化范围较小，在空间分布上整体呈现南高北低的结果，高值出现在长岛南侧海域，低值出现在长岛中部海域。

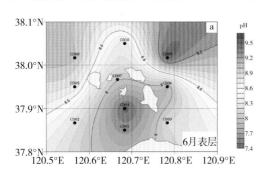
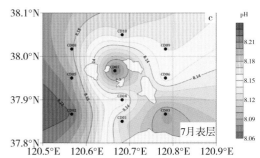

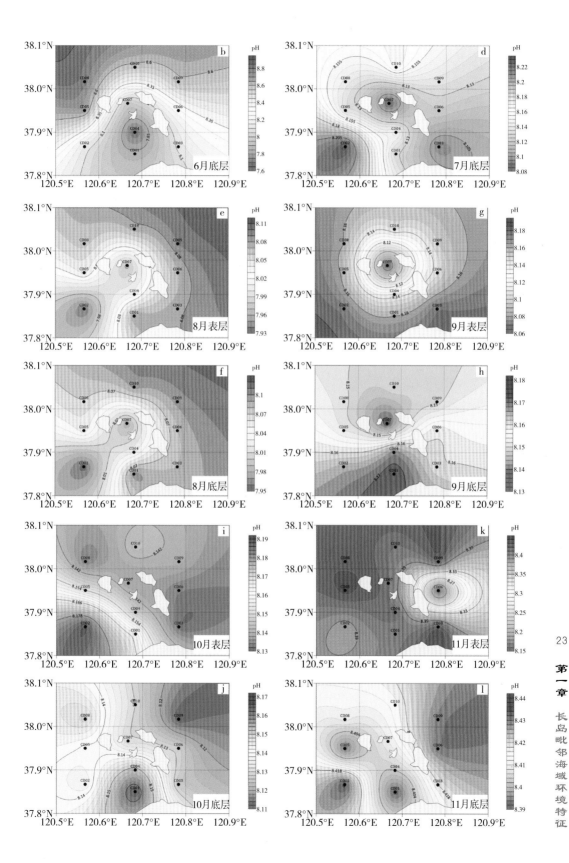

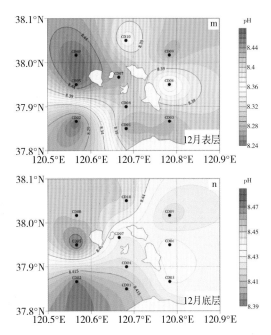

图 1-17 长岛毗邻海域水体表、底层 pH 平面分布

表 1-4 长岛毗邻海域表、底层 pH

月份	表层		底层	
	范围	平均值	范围	平均值
6	7.45~9.51	8.32	7.69~8.78	8.27
7	8.06~8.22	8.15	8.08~8.23	8.14
8	7.94~8.09	8.04	7.95~8.10	8.05
9	8.07~8.18	8.15	8.14~8.17	8.16
10	8.13~8.19	8.15	8.11~8.17	8.14
11	8.15~8.44	8.39	8.39~8.40	8.41
12	8.24~8.47	8.40	8.39~8.47	8.43

　　10月pH变化范围在8.11~8.19，平均值为8.14，变化范围较小。其中表层水体pH变化范围在8.13~8.19，平均值为8.15，在空间分布上整体呈现西南高东北低的结果；底层水体pH变化范围在8.11~8.17，平均值为8.14，高值出现在长岛南侧海域，低值（同表层）分布在长岛东北侧海域。

　　11月pH变化范围在8.15~8.44，平均值为8.40，变化范围较小。其中表层水体pH变化范围在8.15~8.44，平均值为8.39，低值出现在长岛东侧海域，其余调查海域pH相差不大；底层水体pH变化范围在8.39~8.43，平均值为8.41，低值出现在长岛南侧和西侧海域，高值分布在长岛东侧海域和远西南侧海域。

　　12月pH变化范围在8.24~8.47，平均值为8.42，变化范围较小。其中表层水体pH变化范围在8.24~8.47，平均值为8.40，高值出现在长岛西侧海域，低值出现在长岛西南侧海域；底层水体pH变化范围在8.39~8.47，平均值为8.43，在空间分布上与表层相似，高值与低值分别出现在长岛西侧和西南侧海域。

四、营养盐分布

（一）溶解无机氮

2021年4、5、6、7和8月调查海域水体表、底层溶解无机氮（DIN）浓度变化如图1-18和表1-5所示。4月调查海域DIN浓度范围在2.86~7.27 μmol/L，平均值为3.97 μmol/L。其中表层水体DIN浓度范围在2.87~7.27 μmol/L，平均值为4.14 μmol/L，

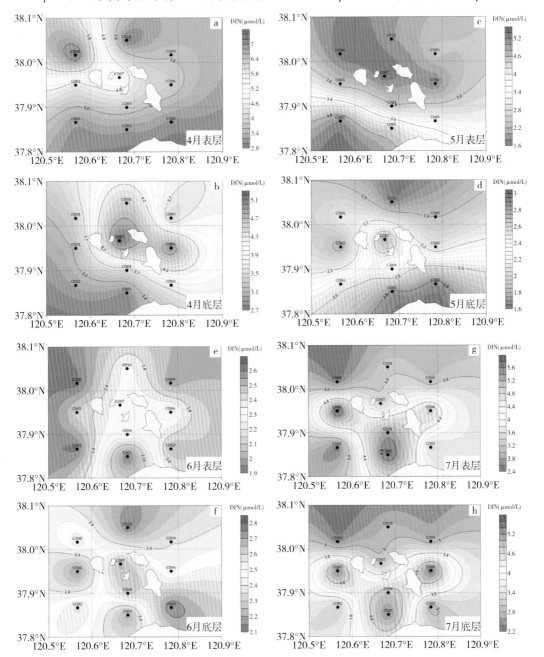

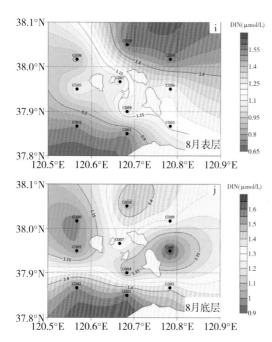

图 1-18　长岛毗邻海域水体表、底层溶解无机氮 DIN 平面分布

高值出现在长岛西北侧海域，低值分布在长岛南部海域；底层水体 DIN 浓度范围在
2.86～5.15 $\mu mol/L$，平均值为 3.80 $\mu mol/L$，低于表层水体浓度，高值出现在长岛中
部海域，低值分布在长岛西南侧海域。

表 1-5　长岛毗邻海域表、底层溶解无机氮（DIN）浓度（$\mu mol/L$）

月份	表层		底层	
	范围	平均值	范围	平均值
4	2.87～7.27	4.14	2.86～5.15	3.80
5	1.65～5.13	2.75	1.65～2.88	2.28
6	1.92～2.63	2.36	2.14～2.76	2.45
7	2.49～5.86	4.04	2.41～5.45	3.79
8	0.73～1.57	1.12	0.89～1.58	1.26

　　5 月 DIN 浓度范围在 1.65～5.13 $\mu mol/L$，平均值为 2.51 $\mu mol/L$。其中表层水体
DIN 浓度范围在 1.65～5.13 $\mu mol/L$，平均值为 2.75 $\mu mol/L$，其分布整体呈现北低南
高的结果，高值出现在长岛西南侧海域，低值分布在长岛中部和北部海域；底层水体
DIN 浓度范围在 1.65～2.88 $\mu mol/L$，浓度变化范围较小，平均值为 2.28 $\mu mol/L$，略
低于表层水体浓度，其分布与表层相似，高值出现在长岛南部海域，低值分布在长岛北
侧海域。

　　6 月 DIN 浓度范围在 1.92～2.76 $\mu mol/L$，浓度变化范围较小，平均值为 2.41
$\mu mol/L$。其中表层水体 DIN 浓度范围在 1.92～2.63 $\mu mol/L$，平均值为 2.36 $\mu mol/L$，
高值分布在长岛外围海域，低值集中在长岛南侧海域；底层水体 DIN 浓度范围在

2.14～2.76 μmol/L，平均值为 2.45 μmol/L，略高于表层，高值分布在长岛东南侧和中部海域，低值出现在长岛北侧海域。

7 月 DIN 浓度范围在 2.41～5.86 μmol/L，平均值为 3.91 μmol/L。其中表层水体 DIN 浓度范围在 2.49～5.86 μmol/L，平均值为 4.04 μmol/L；底层水体 DIN 浓度范围在 2.41～5.45 μmol/L，平均值为 3.79 μmol/L，接近表层 DIN 浓度。表、底层 DIN 浓度在空间分布上具有相似性，高值集中在长岛南侧、西侧和东侧海域，低值主要分布在长岛西北侧和西南侧海域。

8 月 DIN 浓度范围在 0.73～1.58 μmol/L，平均值为 1.19 μmol/L，与前几个月份相比浓度较低。其中表层水体 DIN 浓度范围在 0.73～1.57 μmol/L，平均值为 1.12 μmol/L，其分布在空间上整体呈现西南侧低东北侧高的结果；底层水体 DIN 浓度范围在 0.89～1.58 μmol/L，平均值为 1.26 μmol/L，略高于表层浓度，高值与表层相反，集中在长岛西南侧和南侧海域，低值分布在长岛西侧和东侧海域。

（二）溶解无机磷

2021 年 4、5、6、7 和 8 月调查海域水体表、底层溶解无机磷（DIP）浓度变化如图 1-19 和表 1-6 所示。4 月调查海域 DIP 浓度范围在 0.09～0.18 μmol/L，平均值为 0.13 μmol/L。其中表层水体 DIP 浓度范围在 0.09～0.15 μmol/L，平均值为 0.12 μmol/L，高值分布在长岛北侧和南侧海域，低值集中在长岛西侧海域；底层水体 DIP 浓度范围在 0.12～0.18 μmol/L，平均值为 0.14 μmol/L，略高于表层，高值出现在长岛外围海域，如北侧、西南侧和东南侧海域，低值分布在长岛西侧、近南部和东部海域。

5 月 DIP 浓度范围在 0.17～0.31 μmol/L，平均值为 0.21 μmol/L。其中表层水体 DIP 浓度范围在 0.17～0.31 μmol/L，平均值为 0.20 μmol/L，在空间分布上呈现由中

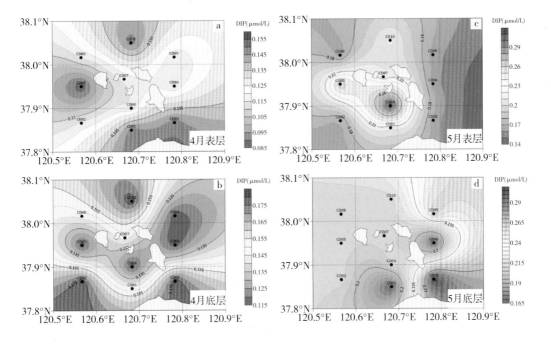

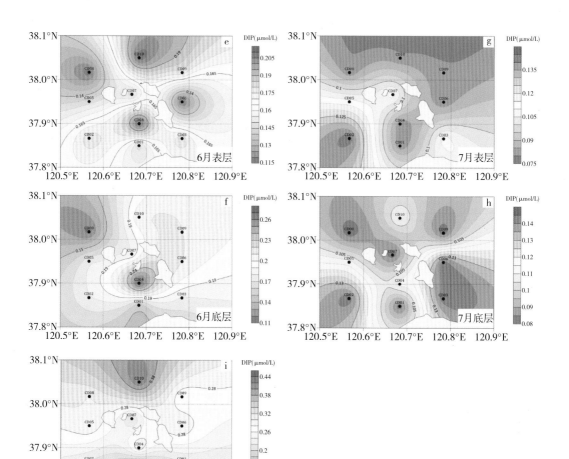

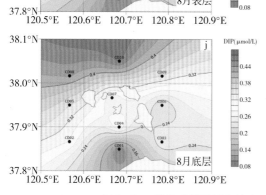

图 1-19　长岛毗邻海域水体表、底层溶解无机磷 DIP 平面分布

部向四周辐射降低的结果，高值出现在长岛中南部海域，低值分布在长岛周边海域；底层水体 DIP 浓度范围同样在 $0.17 \sim 0.31\ \mu mol/L$，平均值为 $0.22\ \mu mol/L$，略高于表层，高值出现在长岛东南侧海域，低值出现在长岛南侧和东侧海域。

6月 DIP 浓度范围在 $0.12 \sim 0.27\ \mu mol/L$，平均值为 $0.18\ \mu mol/L$。其中表层水体 DIP 浓度范围在 $0.12 \sim 0.21\ \mu mol/L$，平均值为 $0.16\ \mu mol/L$，高值分布在长岛近南侧和北侧海域，低值分布在长岛西北侧和东部海域；底层水体 DIP 浓度范围在 $0.12 \sim$

0.27 μmol/L，平均值为 0.19 μmol/L，略高于表层，高值（同表层）在长岛近南侧海域，低值（同表层）分布在长岛西北侧海域。

表 1-6　长岛毗邻海域表、底层溶解无机磷（DIP）浓度（μmol/L）

月份	表层		底层	
	范围	平均值	范围	平均值
4	0.09～0.15	0.12	0.12～0.18	0.14
5	0.17～0.31	0.20	0.17～0.31	0.22
6	0.12～0.21	0.16	0.12～0.27	0.19
7	0.08～0.14	0.10	0.08～0.14	0.11
8	0.09～0.42	0.26	0.09～0.46	0.30

7 月 DIP 浓度范围在 0.08～0.14 μmol/L，平均值为 0.10 μmol/L。其中表层水体 DIP 浓度范围在 0.08～0.14 μmol/L，平均值为 0.10 μmol/L；底层水体 DIP 浓度范围同样在 0.08～0.14 μmol/L，平均值为 0.11 μmol/L。表、底层 DIP 分布在空间上整体呈现北低南高的结果，表层水体高值分布在长岛西南侧海域，低值分布在长岛北侧和南侧海域；底层水体 DIP 浓度高值分布在长岛西南侧和东南侧海域，低值主要分布在长岛北部海域。

8 月 DIP 浓度范围在 0.09～0.46 μmol/L，平均值为 0.28 μmol/L。其中表层水体 DIP 浓度范围在 0.09～0.42 μmol/L，平均值为 0.26 μmol/L；底层水体 DIP 浓度范围在 0.09～0.46 μmol/L，平均值为 0.30 μmol/L，略高于表层。表、底层 DIP 浓度在空间分布上整体呈现北高南低的结果，低值均集中在长岛南侧海域，高值分布在长岛北侧海域。

（三）溶解硅

2021 年 5、6、7 和 8 月调查海域水体表底层溶解硅（DSi）浓度变化如图 1-20 和表 1-7 所示。5 月调查海域 DSi 浓度范围在 0.92～2.84 μmol/L，平均值为 1.59 μmol/L。其中表层水体 DSi 浓度范围在 1.03～2.84 μmol/L，平均值为 1.63 μmol/L；底层水体 DSi 浓度范围在 0.92～2.50 μmol/L，平均值为 1.55 μmol/L，略低于表层。表、底层 DSi 浓度分布在空间上具有相似性，高值均分布在长岛西南侧海域，低值均分布在长岛西侧海域。

6 月 DSi 浓度范围在 1.97～2.96 μmol/L，平均值为 2.53 μmol/L。其中表层水体 DSi 浓度范围在 2.20～2.88 μmol/L，平均值为 2.56 μmol/L；底层水体 DSi 浓度范围在 1.97～2.96 μmol/L，平均值为 2.50 μmol/L，略低于表层。表、底层 DSi 浓度在空间分布上比较一致，均呈现中部高、四周低的结果，高值分布在长岛中部海域，低值出现在长岛西南侧海域。

7 月 DSi 浓度范围在 2.16～4.16 μmol/L，平均值为 2.84 μmol/L。其中表层水体 DSi 浓度范围在 2.50～4.16 μmol/L，平均值为 2.98 μmol/L；底层水体 DSi 浓度范围在 2.16～3.60 μmol/L，平均值为 2.69 μmol/L。表、底层 DSi 浓度在空间分布上具有相似性，高值均集中在长岛中部海域，低值均分布在长岛东部海域。

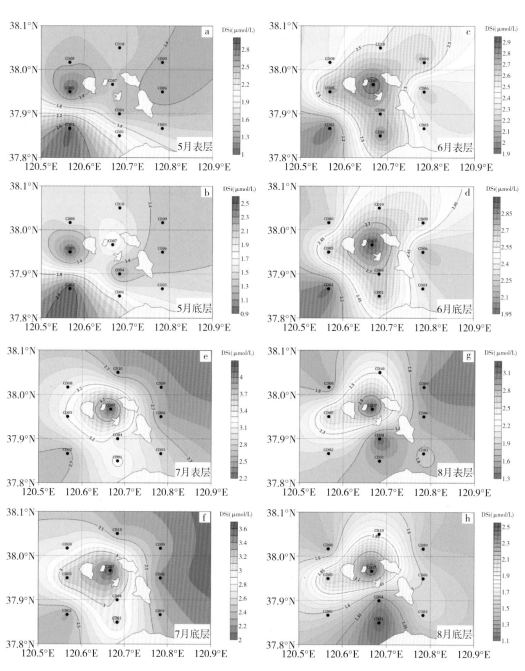

图 1-20　长岛毗邻海域水体表、底层溶解硅 DSi 平面分布

表 1-7　长岛毗邻海域表、底层溶解硅（DSi）浓度（μmol/L）

月份	表层		底层	
	范围	平均值	范围	平均值
5	1.03～2.84	1.63	0.92～2.50	1.55
6	2.20～2.88	2.56	1.97～2.96	2.50

月份	表层		底层	
	范围	平均值	范围	平均值
7	2.50～4.16	2.98	2.16～3.60	2.69
8	1.29～3.22	1.96	1.11～2.50	1.63

8 月 DSi 浓度范围在 1.11～3.22 μmol/L，平均值为 1.80 μmol/L。其中表层水体 DSi 浓度范围在 1.29～3.22 μmol/L，平均值为 1.96 μmol/L；底层水体 DSi 浓度范围在 1.11～2.50 μmol/L，平均值为 1.63 μmol/L，低于表层水体。表、底层 DSi 浓度高值（同 6 月和 7 月）集中在长岛中部海域，低值分布在长岛南部海域。

（四）营养盐分布与结构特征分析

长岛位于黄渤海交界处，其营养盐含量受渤海和北黄海的营养盐、陆地和海上污染源、海域初级生产力及大气沉降等多种影响。调查海域 DIN 浓度与 DSi 浓度呈显著正相关（$p < 0.01$），与 DIP 浓度呈显著负相关（$p < 0.01$），表明 DIN 与 DSi 可能有相同的来源。

2021 年对渤海和黄海海域调查研究结果表明，春季（4 月）渤海海峡 DIN 浓度范围在 0.98～5.27 μmol/L，平均值为 2.34 μmol/L，低于同一时间长岛毗邻海域周围 DIN 浓度；DIP 浓度范围在 0.10～0.45 μmol/L，平均值为 0.21 μmol/L，高于长岛毗邻海域的浓度。夏季（7 月）渤海海峡 DIN 浓度范围在 1.40～7.72 μmol/L，平均值为 3.48 μmol/L，略低于长岛毗邻海域 DIN 浓度；DIP 浓度范围在 0.12～0.61 μmol/L，平均值为 0.28 μmol/L；DSi 浓度范围在 3.86～8.63 μmol/L，平均值为 6.49 μmol/L；DIP 与 DSi 浓度约为长岛毗邻海域相应浓度的两倍多。

调查结果表明，春季北黄海西部海域 DIN 浓度范围在 1.48～7.63 μmol/L，平均值为 3.90 μmol/L；DIP 浓度范围在 0.14～0.71 μmol/L，平均值为 0.35 μmol/L；DSi 浓度范围在 1.19～5.60 μmol/L，平均值为 3.06 μmol/L。而渤海中南部海域 DIN 浓度范围在 1.40～5.44 μmol/L，平均值为 3.05 μmol/L；DIP 浓度范围在 0.17～0.45 μmol/L，平均值为 0.27 μmol/L；DSi 浓度范围在 0.52～2.53 μmol/L，平均值为 1.39 μmol/L。研究表明，冬季渤海海峡明显呈现"北进南出"的态势（Cheng et al，2004；张志欣等，2010；林霄沛等，2002），春季处于冬季向夏季的阶段，海峡南部的强出流区仍然存在，表明山东沿岸流此时流出渤海（林霄沛等，2002），因此长岛毗邻海域此时受渤海中南部区域影响更大，营养盐浓度也与之更为接近。

夏季北黄海西部 DIN 浓度范围在 1.36～9.14 μmol/L，平均值为 4.51 μmol/L；DIP 浓度范围在 0.19～0.88 μmol/L，平均值为 0.41 μmol/L；DSi 浓度范围在 4.17～14.7 μmol/L，平均值为 7.76 μmol/L。而渤海中南部海域 DIN 浓度范围在 0.90～10.78 μmol/L，平均值为 4.40 μmol/L；DIP 浓度范围在 0.14～0.28 μmol/L，平均值为 0.19 μmol/L；DSi 浓度范围在 4.78～11.30 μmol/L，平均值为 8.20 μmol/L。夏季渤海海峡似乎不存在明显的定常流方式的水交换，其水交换可能以扩散、混合的方式进行（张志欣等，2010），因此长岛毗邻海域营养盐浓度和分布可能兼受北黄海和渤海海域共同的影响。

营养盐结构，指营养盐的相对组成，通常用来判断海域浮游植物营养盐限制情况，常用氮磷比（N/P）和硅氮比（Si/N）参数表示。N/P 为 DIN 浓度与 DIP 浓度的比值，通常以 Redfield 比值（N/P＝16，Redfield et al，1963）作为开阔海域 N/P 衡量指标。Hutchins 等人研究发现，如果铁供给充足，一般近岸水体中浮游植物吸收硅和氮的比例为 0.8～1.1（Hutchins and Bruland，1998），我们暂且认为长岛毗邻海域铁应当是充分的，那么适宜的 Si/N 值应该是 1 左右。

长岛毗邻海域 5～8 月营养盐结构如图 1-21 所示，与春季相比，夏季海域 N/P 值和 Si/N 值明显偏离适宜的营养盐结构。具体表现为 7 月海域 N/P 值在 17.34～70.57，平均值为 40.04，明显高于 Redfield 比值，氮磷比失衡较为严重；相对于过量的氮，该海域表现为磷限制。而到了 8 月，海域 N/P 值在 2.31～16.87，平均值为 4.92，相比 7 月明显下降，Si/N 值在 0.70～3.11，平均值为 1.61，相较于 7 月则明显升高；此时相较于硅和磷，该海域转变为氮限制。

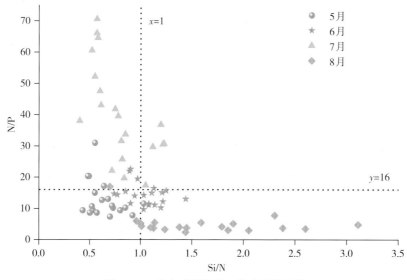

图 1-21　长岛毗邻海域水体营养盐结构

这种现象的发生可能与夏季降雨增多和黄河调水调沙过程有关，DSi 与风化和侵蚀过程息息相关，而 DIP 易被悬浮颗粒物吸附，降雨的增多和 7 月黄河调水调沙过程均会带来丰富的 DSi 与 DIP，由此可能造成 8 月该海域氮限制现象的发生。夏季调查海域存在明显营养盐结构失衡现象，正好处在海域初级生产较为活跃的时段，因此这种现象可能会影响到海域生物群落组成与生态系统平衡（郭卫东等，1998；Sun et al，2002；Tang et al，2003；Lin et al，2005；王玮云等，2022），应加强对营养盐失衡严重区域的监测，采取相应措施避免失衡现象进一步加剧。

第四节　生物环境

一、 材料与方法

2021 年 3～12 月，在调查海域逐月开展了浮游生物采样，每个航次 10 个站位。浮游植物样品采集按照联合国教科文组织（UNESCO）规定的水采方法进行，使用 HQM-1 型有机玻璃采水器采集各站位表、底层海水，倒入 250 mL 的聚乙烯（PE）瓶中，加入终浓度为 5% 的甲醛水溶液 0.5 L，常温避光保存。叶绿素 a（Chl-a）样品采集时，使用 GF/F 滤膜（Whatman）过滤 0.5 L 的海水，用铝箔纸包裹后置于液氮中保存。

浮游植物群落分析采用 Utermöhl（1958）方法进行，取 25 mL 浮游植物样品于 Utermöhl 计数框（Hydro-Bios）中，静置沉降 24 h，然后在光学倒置显微镜（COIC IBE2000）160× 下进行物种鉴定和数量统计，物种的分类依据形态学差异，参考 Tomas（1997）的标准。叶绿素 a 样品测定于实验室内进行，用 90% 的丙酮水溶液低温（−20℃）黑暗萃取 24 h，使用标准叶绿素（Sigma，UK）校正过的 Turner Designs Trilogy 荧光计进行测定。

根据《海洋调查规范——海洋生物调查》（GB12763—2007），使用浅水 II 型浮游生物网（网口面积 0.08 m²，网目 160 μm）自近底层至表层垂直拖取浮游动物，所获样品用 5% 的甲醛海水溶液现场固定保存，在实验室内对浮游动物样品测量湿重并进行镜检鉴定及计数。利用网口面积及采样释放绳长确定各站位滤水体积，并以此计算各站位浮游动物的丰度（个/m³）和生物量（mg/m³）。

对各站位采集的浮游生物进行群落多样性统计分析，并计算浮游生物优势种，具体计算公式见下：

香农-威纳（Shannon-Weaver）多样性指数：$H' = -\sum_{i=1}^{S} P_i \log_2 P_i$

式中，P_i 是第 i 种的丰度与该站位样品总丰度的比值，S 是样品中出现的物种数。

均匀度指数（PieLou 指数）：$J' = \dfrac{H'}{\log_2 S}$

式中，H' 是香农-威纳多样性指数，S 是样品中出现的物种数。均匀度最大值为 1，该值大则表明物种间丰度差别小，反之则物种间丰度差别大。

丰富度指数（Margalef 计算式）：$d = \dfrac{S-1}{\log_2 N}$

式中，S 是样品中出现的物种数，N 是样品中生物的总丰度。

物种优势度：$Y = \dfrac{n_i}{N} \cdot f_i$

式中，n_i 是第 i 个物种的丰度，N 为所有物种的总丰度，f_i 为第 i 个物种在各站位的出现频率。选取 $Y \geqslant 0.02$ 的物种为优势种。

二、 叶绿素 a 分布

调查海域表、底层叶绿素分布如图 1-22 所示。春季 3 月表层叶绿素 a 变动在 1.78～15.73 μg/L，平均（4.23±4.29）μg/L，高值出现在调查区西南部水域；底层叶绿素 a 变动在 1.97～5.44 μg/L，平均（3.37±1.16）μg/L，高值出现在调查区西南部水域。4 月表层叶绿素 a 变动在 2.77～5.34 μg/L，平均（3.78±0.71）μg/L，高值出现在调查区南部水域；底层叶绿素 a 变动在 3.39～6.15 μg/L，平均（4.63±0.94）μg/L，高

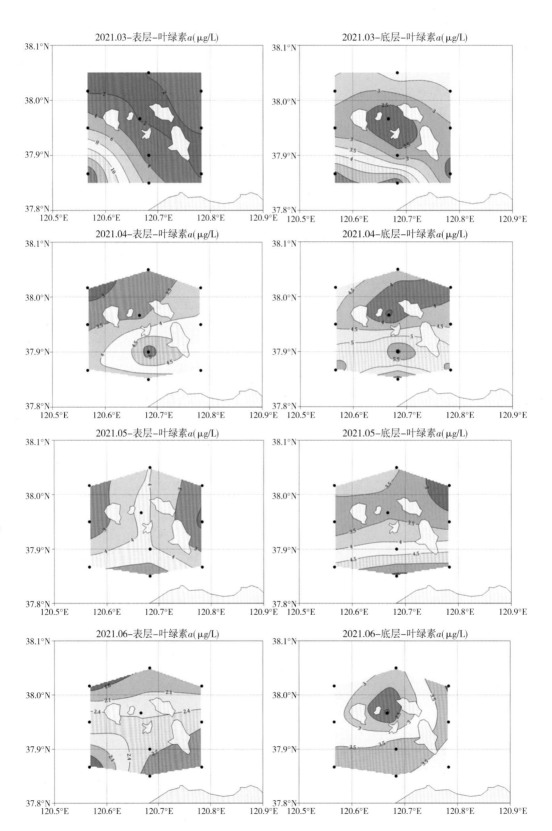

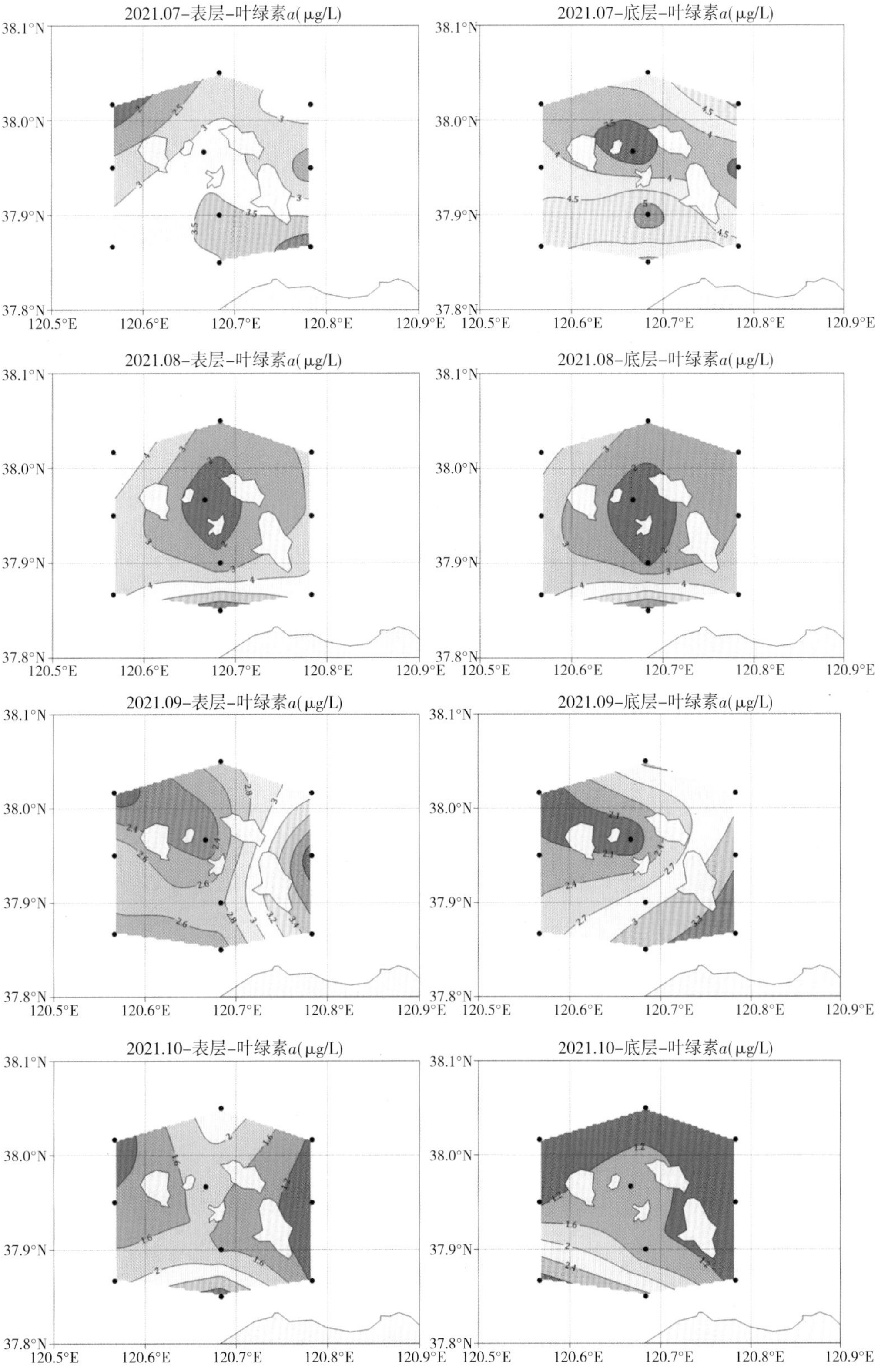

2021.07-表层-叶绿素a(μg/L)

2021.07-底层-叶绿素a(μg/L)

2021.08-表层-叶绿素a(μg/L)

2021.08-底层-叶绿素a(μg/L)

2021.09-表层-叶绿素a(μg/L)

2021.09-底层-叶绿素a(μg/L)

2021.10-表层-叶绿素a(μg/L)

2021.10-底层-叶绿素a(μg/L)

第一章 长岛毗邻海域环境特征

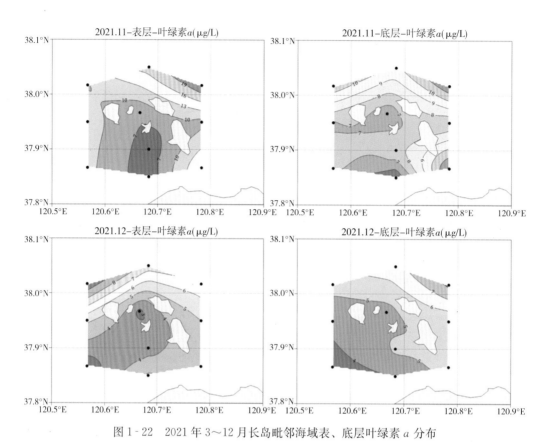

图 1-22　2021 年 3～12 月长岛毗邻海域表、底层叶绿素 a 分布

值出现在调查区南部水域。2021 年 5 月表层叶绿素 a 变动在 1.69～5.89 $\mu g/L$，平均（3.51±1.37）$\mu g/L$，高值出现在调查区中南部水域；底层叶绿素 a 变动在 2.56～5.67 $\mu g/L$，平均（3.90±1.00）$\mu g/L$，高值出现在调查区中南部水域。

夏季 6 月表层叶绿素 a 变动在 1.46～2.97 $\mu g/L$，平均（2.32±0.55）$\mu g/L$，高值出现在调查区东南部水域；底层叶绿素 a 变动在 1.90～4.11 $\mu g/L$，平均（3.37±0.65）$\mu g/L$，高值出现在调查区东南部水域。7 月表层叶绿素 a 变动在 1.58～4.35 $\mu g/L$，平均（3.05±0.81）$\mu g/L$，高值出现在调查区南部水域；底层叶绿素 a 变动在 3.00～5.45 $\mu g/L$，平均（4.23±0.80）$\mu g/L$，高值出现在调查区南部水域。8 月表层叶绿素 a 变动在 1.18～6.93 $\mu g/L$，平均（3.58±1.63）$\mu g/L$，高值出现在调查区南部水域；底层叶绿素 a 变动在 1.28～7.39 $\mu g/L$，平均（3.36±1.70）$\mu g/L$，高值出现在调查区南部水域。

秋季 9 月表层叶绿素 a 变动在 2.05～3.97 $\mu g/L$，平均（2.82±0.58）$\mu g/L$，高值出现在调查区东部水域；底层叶绿素 a 变动在 1.81～3.52 $\mu g/L$，平均（2.73±0.60）$\mu g/L$，高值出现在调查区东部水域。10 月表层叶绿素 a 变动在 0.92～3.08 $\mu g/L$，平均（1.60±0.69）$\mu g/L$，高值出现在调查区西南部水域；底层叶绿素 a 变动在 0.85～2.99 $\mu g/L$，平均（1.42±0.73）$\mu g/L$，高值出现在调查区西南部水域。11 月表层叶绿素 a 变动在 5.04～21.62 $\mu g/L$，平均（11.4±5.41）$\mu g/L$，高值出现在调查区东北部水域；底层叶绿素 a 变动在 5.09～12.26 $\mu g/L$，平均（8.51±2.47）$\mu g/L$，高值出现

在调查区东北部水域。

冬季12月表层叶绿素 a 变动在 2.37～9.87 μg/L，平均（5.24±2.28）μg/L，高值出现在调查区西北部水域；底层叶绿素 a 变动在 3.56～8.23 μg/L，平均（5.24±1.35）μg/L，高值出现在调查区东北部水域。

3～12月调查海域表、底层叶绿素 a 变动在 0.85～21.62 μg/L，平均（4.11±2.90）μg/L；月平均值变化在 1.51～10.0 μg/L，峰值出现在 11 月，次峰值出现在 12 月，秋冬季节叶绿素 a 水平较高（图 1-23）。

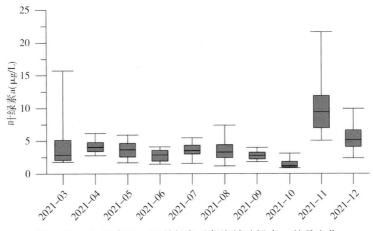

图 1-23 2021 年 3～12 月长岛毗邻海域叶绿素 a 的月变化

三、 浮游植物分布

（一）物种组成

春季调查海域的浮游植物群落主要由硅藻类群组成，优势种有具槽帕拉藻（*Paralia sulcata*）、海链藻（*Thalassiosira* spp.）、菱形藻（*Nitzschia* spp.）、骨条藻（*Skeletonema* spp.）以及圆筛藻（*Coscinodiscus* spp.）等，其皆可在 3～5 月的群落中形成优势，平均优势度分别达到 0.36、0.12、0.04、0.02 和 0.02（表 1-8）。

表 1-8 2021 年春季长岛毗邻海域浮游植物优势种组成

中文名	拉丁文名	优势度		
		3月	4月	5月
细线条月形藻	*Amphoralineolata*		0.05	0.09
圆筛藻	*Coscinodiscus* spp.	0.02	0.03	0.01
小环藻	*Cyclotella* spp.			0.04
布氏双尾藻	*Ditylum brightwellii*	0.02	0.05	
舟形藻	*Navicula* spp.		0.01	0.01
长菱形藻	*Nitzschia longissima*		0.01	0.02
洛氏菱形藻	*Nitzschia lorenziana*			0.02
菱形藻	*Nitzschia* spp.	0.01	0.02	0.08

中文名	拉丁文名	优势度		
		3 月	4 月	5 月
具槽帕拉藻	*P. sulcata*	0.72	0.28	0.08
宽角斜纹藻	*Pleurosigma angulatum*		0.01	0.07
尖刺拟菱形藻	*Pseudo-nitzschia pungens*	0.01		0.03
刚毛根管藻	*Rhizosolenia setigera*			0.01
根管藻	*Rhizosolenia* spp.			0.01
骨条藻	*Skeletonema* spp.	0.04	0.01	0.02
菱形海线藻	*Thalassionema nitzschioides*		0.01	
海链藻	*Thalassiosira* spp.	0.04	0.16	0.15

夏季，浮游植物群落由硅藻、甲藻类群共同组成，优势种有骨条藻、菱形藻、具槽帕拉藻、伏氏海线藻（*Thalassionema frauenfeldii*）等硅藻种类，以及螺旋环沟藻（*Gyrodinium spirale*）、梭状角藻（*Ceratium fusus*）等甲藻种类，平均优势度分别达到 0.17、0.08、0.02、0.02 以及 0.02、0.01（表 1 - 9）。

表 1 - 9　2021 年夏季长岛毗邻海域浮游植物优势种组成

中文名	拉丁文名	优势度		
		6 月	7 月	8 月
细线条月形藻	*A. lineolata*	0.05		
旋链角毛藻	*Chaetoceros curvisetus*			0.05
平滑角毛藻	*Chaetoceros laevis*			0.04
豪猪棘冠藻	*Corethron hystrix*			0.01
圆筛藻	*Coscinodiscus* spp.			0.05
小环藻	*Cyclotella* spp.		0.02	
柔弱几内亚藻	*Guinardia delicatula*			0.03
长菱形藻	*N. longissima*		0.02	
洛氏菱形藻	*N. lorenziana*	0.01		
菱形藻	*Nitzschia* spp.	0.09	0.14	
具槽帕拉藻	*P. sulcata*	0.04	0.01	0.02
宽角斜纹藻	*P. angulatum*	0.02	0.02	
柔弱拟菱形藻	*Pseudo-nitzschia delicatissima*	0.01		
尖刺拟菱形藻	*Pseudo-nitzschia pungens*	0.02		
刚毛根管藻	*R. setigera*	0.02		0.02
根管藻	*Rhizosolenia* spp.	0.01		
骨条藻	*Skeletonema* spp.	0.12	0.30	0.10

中文名	拉丁文名	优势度		
		6月	7月	8月
伏氏海线藻	*Thalassionema frauenfeldii*			0.07
海链藻	*Thalassiosira* spp.	0.03	0.01	
梭状角藻	*C. fusus*			0.03
三角角藻	*Ceratium tripos*			0.01
裸甲藻	*Gymnodinium* spp.		0.01	
螺旋环沟藻	*G. spirale*	0.03	0.02	

秋季，浮游植物群落由硅藻、甲藻类群共同组成，优势种有浮动弯角藻（*Eucampia zodiacus*）、具槽帕拉藻、柔弱拟菱形藻（*Pseudo-nitzschia delicatissima*）、圆筛藻等硅藻种类，以及多纹膝沟藻（*Gonyaulax polygramma*）等甲藻种类，平均优势度分别达到 0.26、0.12、0.03、0.03 以及 0.11（表 1 - 10）。

表 1 - 10　2021 年秋季长岛毗邻海域浮游植物优势种组成

中文名	拉丁文名	优势度		
		9月	10月	11月
旋链角毛藻	*C. curvisetus*	0.03		
旋链角毛藻	*C. curvisetus*		0.02	
圆筛藻	*Coscinodiscus* spp.	0.01	0.05	0.03
浮动弯角藻	*E. zodiacus*	0.73		0.05
柔弱几内亚藻	*G. delicatula*	0.04		
萎软几内亚藻	*Guinardia flaccida*	0.02		0.02
丹麦细柱藻	*Leptocylindrus danicus*			0.03
洛氏菱形藻	*N. lorenziana*		0.02	
菱形藻	*Nitzschia* spp.		0.03	
具槽帕拉藻	*P. sulcata*		0.3	0.06
柔弱拟菱形藻	*Pseudo-nitzschia delicatissima*	0.02	0.07	
尖刺拟菱形藻	*Pseudo-nitzschia pungens*		0.01	0.03
多纹膝沟藻	*G. polygramma*			0.33

（二）细胞丰度

调查海域表、底层浮游植物总丰度分布如图 1-24 所示。春季 3 月表层浮游植物总丰度变动在 4.40～29.40 个/mL，平均（9.48±7.97）个/mL，高值出现在调查区西部水域；底层变动在 4.40～29.40 个/mL，平均（9.48±7.97）个/mL，高值出现在调查区西北部水域。4 月表层变动在 1.16～5.73 个/mL，平均（2.67±1.45）个/mL，高值出现在调查区东部水域；底层变动在 1.20～3.42 个/mL，平均（2.00±0.75）个/mL，高值出现在调查区东北部水域。5 月表层变动在 0.80～5.51 个/mL，平均（2.88±1.59）个/mL，高值出现在调查区中部水域；底层变动在 1.33～6.84 个/mL，平均（3.96±1.77）个/mL，高值出现在调查区东部水域。

夏季，6 月表层变动在 1.33～2.44 个/mL，平均（1.79±0.39）个/mL，高值出现在调查区外围水域；底层变动在 1.60～9.60 个/mL，平均（4.02±2.85）个/mL，高值出现在调查区外围水域。7 月表层变动在 0.80～5.38 个/mL，平均（1.88±1.61）个/mL，高值出现在调查区中部水域；底层变动在 0.80～3.51 个/mL，平均（1.67±0.78）个/mL，高值出现在调查区中部水域。8 月表层变动在 2.40～14.70 个/mL，平均（8.05±3.94）个/mL，高值出现在调查区北部水域；底层变动在 1.69～19.1 个/mL，平均（8.17±5.76）个/mL，高值出现在调查区西北部水域。

秋季，9 月表层变动在 4.76～100.30 个/mL，平均（40.00±26.10）个/mL，高值出现在调查区东部水域；底层变动在 4.89～6.96 个/mL，平均（30.50±21.60）个/mL，高值出现在调查区南部水域。10 月表层变动在 0.89～4.62 个/mL，平均（2.36±1.28）个/mL，高值出现在调查区东南部水域；底层变动在 1.07～3.87 个/mL，平均（2.20±1.04）个/mL，高值出现在调查区北部水域。11 月表层变动在 1.38～5.31 个/mL，平均（11.30±15.90）个/mL，高值出现在调查区东北部水域；底层变动在 1.02～9.51 个/mL，平均（5.06±3.27）个/mL，高值出现在调查区北部水域。

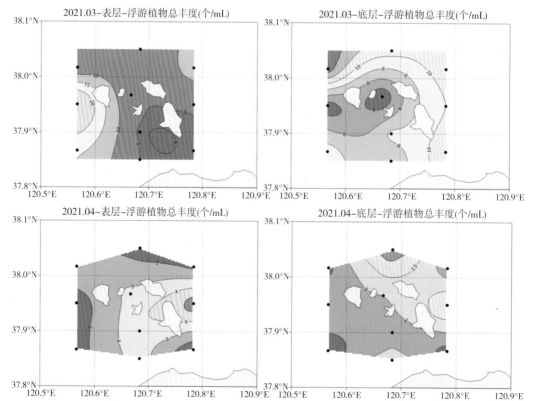

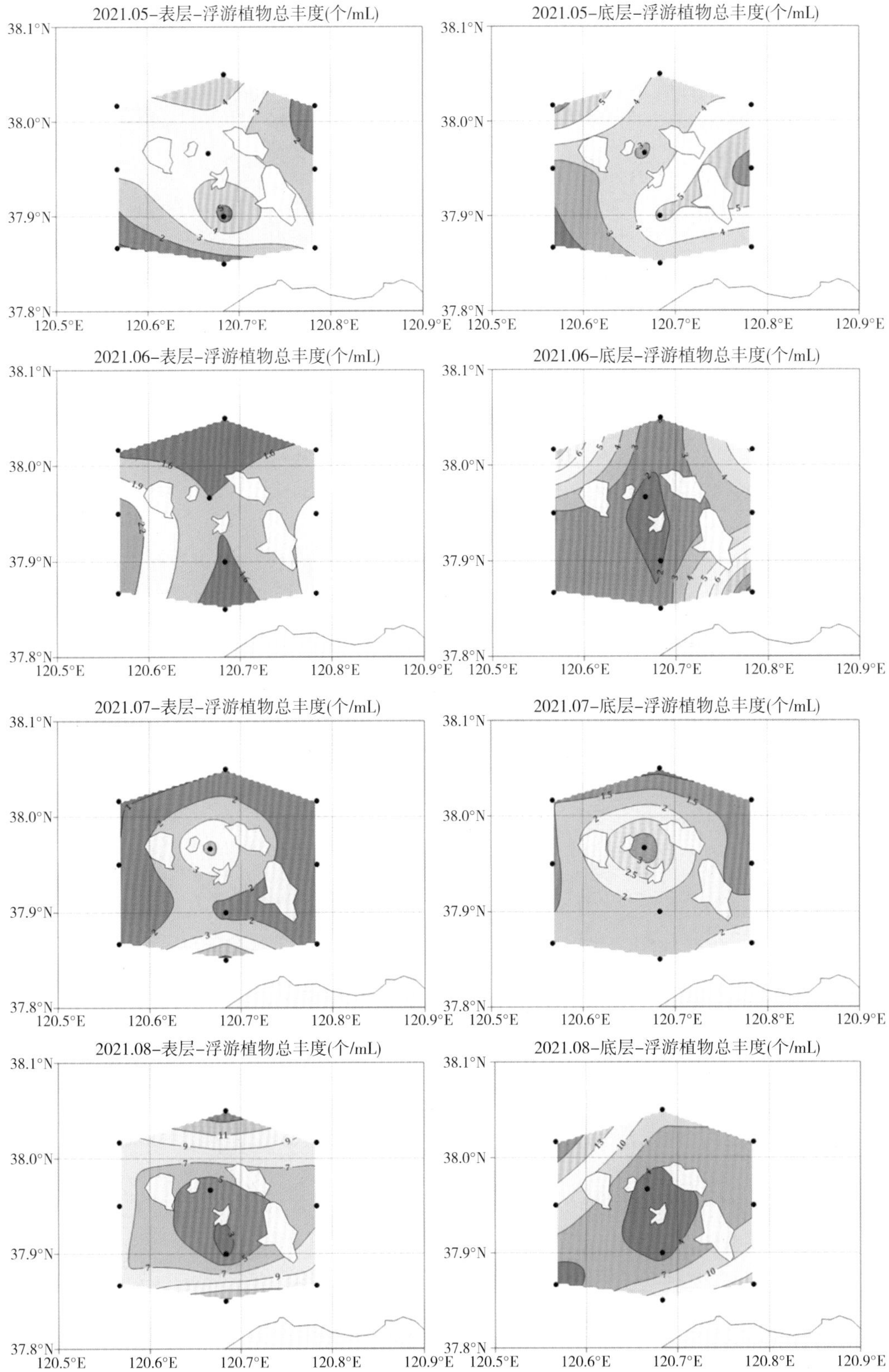

2021.05-表层-浮游植物总丰度(个/mL)
2021.05-底层-浮游植物总丰度(个/mL)
2021.06-表层-浮游植物总丰度(个/mL)
2021.06-底层-浮游植物总丰度(个/mL)
2021.07-表层-浮游植物总丰度(个/mL)
2021.07-底层-浮游植物总丰度(个/mL)
2021.08-表层-浮游植物总丰度(个/mL)
2021.08-底层-浮游植物总丰度(个/mL)
38.1°N
38.0°N
37.9°N
37.8°N
120.5°E
120.6°E
120.7°E
120.8°E
120.9°E

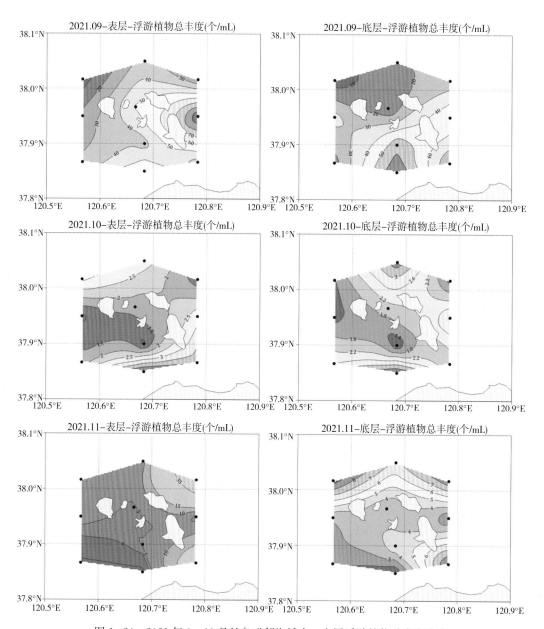

图 1-24 2021 年 3～11 月长岛毗邻海域表、底层浮游植物总丰度分布

3～11 月调查海域浮游植物总丰度变动在 0.80～100.30 个/mL，平均（8.15±13.50）个/mL；月平均值变化在 1.77～35.20 个/mL，峰值出现在 9 月，次峰值出现在 3 月，秋、春季总丰度较高，呈现典型的温带双峰型变化趋势（图 1-25）。

（三）多样性

3～11 月调查海域浮游植物香农-威纳多样性指数变动在 0.52～3.66，平均 2.45±0.68；月平均值变化在 1.68～3.04，峰值出现在 8 月，低值出现在 3 月，夏季多样性水平较高（图 1-26）。

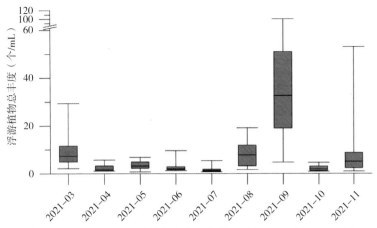

图 1-25　2021 年 3～11 月长岛毗邻海域浮游植物总丰度的月变化

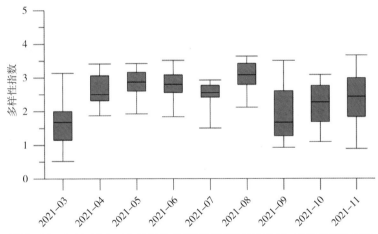

图 1-26　2021 年 3～11 月长岛毗邻海域浮游植物香农-威纳多样性指数

四、浮游动物分布

（一）物种组成及优势种

1. 物种组成

3～12 月长岛毗邻海域共采集到浮游动物 53 种，其中包括刺胞动物 8 种、栉板动物 1 种、枝角类 2 种、桡足类 16 种、端足类 3 种、涟虫类 2 种、十足类 1 种、毛颚动物 1 种、尾索动物 2 种及浮游幼虫 17 种，可见浮游幼虫、桡足类及刺胞动物种类最多，浮游动物种类名录详见表 1-11。从物种组成季节变化来看，夏季（6～8 月）采集到浮游动物种类最多，为 46 种；秋季（9～11 月）和春季（3～5 月）次之，分别为 35 种和 34 种；冬季（12 月）采集到浮游动物种类最少，仅为 21 种。

表 1-11　2021 年各季节长岛毗邻海域出现浮游动物种类

中文名	拉丁文名/英文名	春季	夏季	秋季	冬季
不列颠高手水母	*Bougainvillia britannica*			*	

中文名	拉丁文名/英文名	春季	夏季	秋季	冬季
杜氏外肋水母	*Ectopleura dumortieri*		*		
锡兰和平水母	*Eirene ceylonensis*		*	*	
贝氏真囊水母	*Euphysora bigelowi*	*			
四手触丝水母	*Lovenella assimilis*		*	*	
卡玛拉水母	*Malagazzia carolinae*		*	*	
薮枝螅水母属未定种	*Obelia* spp.		*	*	*
嵊山秀氏水母	*Sugiura chengshanense*		*		
球型侧腕水母	*Pleurobrachia globosa*			*	
鸟喙尖头溞	*Penilia avirostris*	*	*		
肥胖三角溞	*Pseudevadne tergestina*	*			
洪氏纺锤水蚤	*Acartia hongi*	*	*	*	*
沃氏纺锤水蚤	*Acartia omorii*	*	*	*	*
太平洋纺锤水蚤	*Acartia pacifica*	*	*	*	
汤氏长足水蚤	*Calanopia thompsoni*		*	*	*
中华哲水蚤	*Calanus sinicus*	*	*	*	*
腹针胸刺水蚤	*Centropages abdominalis*	*	*	*	*
背针胸刺水蚤	*Centropages dorsispinatus*	*	*	*	
近缘大眼水蚤	*Corycaeus affinis*	*	*	*	*
太平洋真宽水蚤	*Eurytemora pacifica*	*			
猛水蚤目未定种	Harpacticoida sp.	*	*	*	*
真刺唇角水蚤	*Labidocera euchaeta*	*			
圆唇角水蚤	*Labidocera rotunda*	*	*	*	
短角长腹剑水蚤	*Oithona brevicornis*	*	*	*	
拟长腹剑水蚤	*Oithona similis*	*	*	*	*
强额拟哲水蚤	*Paracalanus crassirostris*	*	*	*	*
小拟哲水蚤	*Paracalanus parvus*	*	*	*	
麦秆虫属未定种	*Caprella* sp.		*		
钩虾亚目未定种	Gammaridae		*	*	*
细足法蚖	*Themisto gracilipes*	*			*
二齿半尖额涟虫	*Hemileucon bidentatus*	*			
细长涟虫	*Iphinoe tenera*	*			
中国毛虾	*Acetes chinensis*	*			
强壮滨箭虫	*Aidanosagitta crassa*	*	*	*	*
软拟海樽	*Dolioletta gegenbauri*		*	*	
异体住囊虫	*Oikopleura dioica*	*	*	*	*

中文名	拉丁文名/英文名	春季	夏季	秋季	冬季
帽状幼虫	Pilidium larvae		*		
多毛类幼虫	Polychaeta larvae	*	*	*	*
腹足类幼虫	Gastropoda larvae	*	*	*	*
双壳类幼虫	Bivalvia larvae	*	*	*	*
头足类幼虫	Cephalopoda larvae			*	
无节幼虫	Nauplius larvae	*	*		
阿利玛幼虫	Alima larvae		*		
长尾类幼虫	Macrura larvae	*	*	*	
异尾类溞状幼虫	Anomura zoea larvae		*	*	
短尾类溞状幼虫	Brachyura zoea larvae	*	*	*	
短尾类大眼幼虫	Brachyura megalopa larvae		*		
帚虫类辐轮幼虫	Actinotrocha larvae			*	
蛇尾长腕幼虫	Ophiopluteus larvae	*	*	*	
海参耳状幼虫	Auricularia larvae	*	*		
柱头幼虫	Tornaria larvae		*	*	
鱼卵	Fish eggs	*	*		
仔、稚鱼	Fish larvae	*	*	*	*

2. 优势种变化

表 1-12 展示了 2021 年不同月份调查海域优势种中优势度排名前 5 位的浮游动物。受采样网具影响，小型桡足类在浮游动物丰度中占比最大，导致浮游动物优势种主要由小型桡足类组成，其中拟长腹剑水蚤、小拟哲水蚤、洪氏纺锤水蚤在所有 10 个调查月份中均为排名前 4 位的优势种，腹针胸刺水蚤在 3～5 月及 12 月 4 个月份成为排名前 5 位的优势种，太平洋纺锤水蚤、中华哲水蚤、沃氏纺锤水蚤和近缘大眼水蚤均在 2 个月份成为排名前 5 位的优势种，强额拟哲水蚤在 1 个月份成为排名前 5 位的优势种。此外，作为排名前 5 位的优势种，浮游幼虫中双壳类幼虫出现 4 次，无节幼虫出现 2 次，短尾类溞状幼虫出现 1 次。

表 1-12   2021 年各月份长岛毗邻海域浮游动物优势种组成

月份	优势种（优势度 Y≥0.02，排名前 5 位）
3	拟长腹剑水蚤、腹针胸刺水蚤、小拟哲水蚤、洪氏纺锤水蚤、中华哲水蚤
4	拟长腹剑水蚤、腹针胸刺水蚤、小拟哲水蚤、洪氏纺锤水蚤、太平洋纺锤水蚤
5	腹针胸刺水蚤、洪氏纺锤水蚤、拟长腹剑水蚤、小拟哲水蚤、太平洋纺锤水蚤
6	小拟哲水蚤、拟长腹剑水蚤、洪氏纺锤水蚤、沃氏纺锤水蚤、无节幼虫

月份	优势种（优势度 Y≥0.02，排名前 5 位）
7	小拟哲水蚤、拟长腹剑水蚤、洪氏纺锤水蚤、沃氏纺锤水蚤、中华哲水蚤
8	拟长腹剑水蚤、小拟哲水蚤、洪氏纺锤水蚤、双壳类幼虫、短尾类溞状幼虫
9	拟长腹剑水蚤、小拟哲水蚤、洪氏纺锤水蚤、双壳类幼虫、无节幼虫
10	洪氏纺锤水蚤、拟长腹剑水蚤、小拟哲水蚤、双壳类幼虫、强额拟哲水蚤
11	洪氏纺锤水蚤、拟长腹剑水蚤、小拟哲水蚤、近缘大眼水蚤、双壳类幼虫
12	洪氏纺锤水蚤、小拟哲水蚤、拟长腹剑水蚤、近缘大眼水蚤、腹针胸刺水蚤

（二）总丰度与总生物量

3～12 月调查海域浮游动物月平均总丰度范围是 1 283～11 282 个/m³，月平均总生物量（湿重）范围是 161～984 mg/m³，两者变化趋势一致，均在 8、5 和 12 月出现季节性峰值，并且最低值出现在 4 月（图 1-27）。

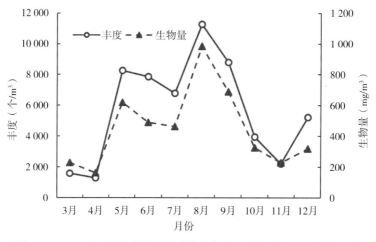

图 1-27　2021 年长岛毗邻海域浮游动物总丰度与总生物量季节变化

从空间分布来看，调查海域浮游动物总丰度在 5～8 月基本呈现北部高、南部低的分布趋势，而在 10～12 月呈现南部高、北部低的分布趋势（图 1-28）。5～9 月，调查站位浮游动物总丰度整体较高；而 3、4、11 月整体较低，其中，4 月仅有 1 个站位丰度高于 2 000 个/m³，2 个站位低于 1 000 个/m³，其余站位处于 1 000～2 000 个/m³，导致该月份平均总丰度水平最低。12 月，调查海域西南部站位丰度超过 10 000 个/m³，并有 2 个邻近站位超过 6 000 个/m³，使得 12 月出现第 3 个季节性峰值（图 1-27、图 1-28）。

2021 年长岛毗邻海域所有调查站位浮游动物总生物量与总丰度间存在极显著正相关关系（$R=0.903$，$p<0.01$）。5～9 月调查站位浮游动物总生物量整体较高，3、10 和 12 月均有 2～3 个站位总生物量高于 400 mg/m³；而 4 月整体较低，仅有 2 个站位高于 200 mg/m³，并有 2 个站位低于 100 mg/m³。10～12 月总生物量呈现明显的南部高、北部低的分布趋势（图 1-29）。

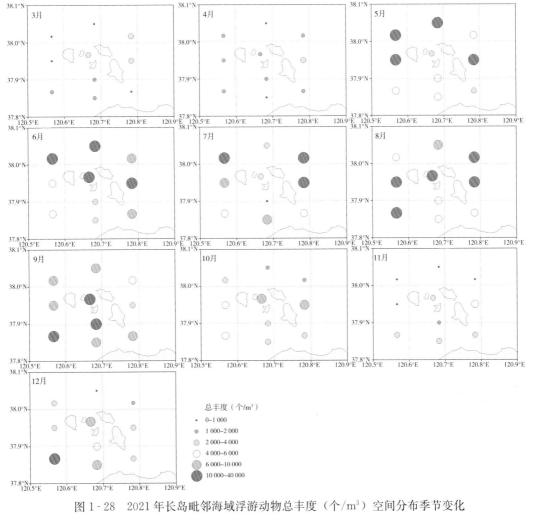

图 1-28　2021 年长岛毗邻海域浮游动物总丰度（个/m³）空间分布季节变化

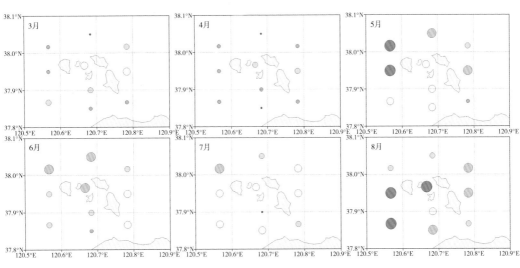

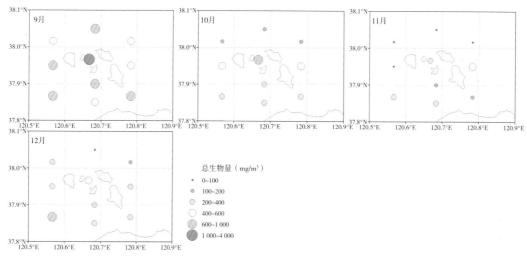

图 1-29　2021年长岛毗邻海域浮游动物总生物量（湿重：mg/m³）空间分布季节变化

（三）主要种类丰度分布

浮游动物种类组成中，桡足类和大型甲壳类是重要的饵料生物，其丰度高低、粒径变化、季节性峰值发生时间都会对渔业资源（尤其是对早期补充阶段鱼类的存活）产生较大的影响。近年来，水母类在全球许多海域出现暴发趋势，虽然其丰度相对较低，但与鱼类竞争摄食浮游动物，甚至直接摄食鱼卵及仔、稚鱼，因此，水母类对生态系统的负效应是需要得到一定重视的。毛颚类既摄食浮游动物，又可以被鱼类等高营养级生物摄食，并且具有较高丰度，在大中型浮游动物分析中经常成为优势种。此外，浮游幼虫也是一类重要的浮游动物类群，包括永久性浮游幼虫以及诸多底栖无脊椎动物和鱼类发育过程所经历的阶段性浮游幼虫，如鱼卵，仔、稚鱼，虾蟹等甲壳类，软体动物，海星、海参等棘皮动物的幼虫等。现就调查海域上述浮游动物类群丰度的季节变化及平面分布描述如下。

1. 桡足类

在调查海域浮游动物类群中，桡足类丰度最高，主要由拟长腹剑水蚤、小拟哲水蚤、洪氏纺锤水蚤等小型桡足类组成，是浮游动物总丰度的最主要贡献者，占比范围是75.3%～92.2%，因此，桡足类丰度与浮游动物总丰度变化趋势一致，在8、5和12月出现季节性峰值，并且最低值出现在4月。桡足类月平均丰度在3、4、11月均低于2 000个/m³，在5～9月均高于5 000个/m³（图1-30）。

3～12月桡足类丰度的空间分布特征也与浮游动物总丰度一致。3、4、11月所有调查站位桡足类丰度均低于4 000个/m³，而其余调查月份，至少有1个站位高于6 000个/m³，在平均丰度最高的8月所有调查站位均高于4 000个/m³（图1-31）。

2. 大型甲壳类

大型甲壳类是鳀、小黄鱼等的重要饵料，调查海域中丰度最高的物种是细足法蛾。3～5月月平均丰度维持在4.0个/m³以上，5月达到7.7个/m³峰值，随后急剧下降，9和10月均未采集到，11和12月丰度缓慢上升，但都低于1.0个/m³（图1-30）。

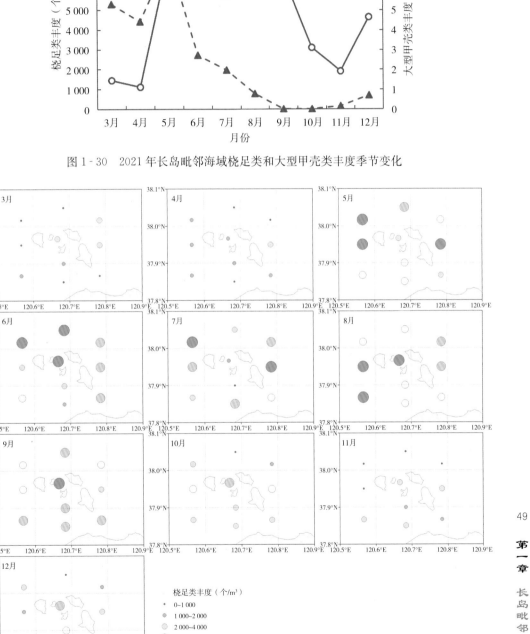

图 1-30 2021年长岛毗邻海域桡足类和大型甲壳类丰度季节变化

图 1-31 2021年长岛毗邻海域桡足类丰度（个/m³）空间分布季节变化

从出现频率来看，春季（3～5月）有70%以上站位采集到大型甲壳类，夏季（6～8月）出现频率不高于50%，而在秋季（9～11月）仅在11月有1个站位采集到，冬季（12月）有5个站位采集到，但丰度均低于4.0个/m³（图1-32）。从空间分布上来看，最南端站位仅在7月采集到，整体来看，大型甲壳类主要分布在调查海域北部区域（图1-32）。

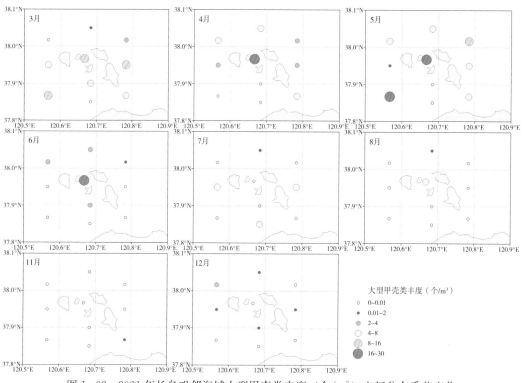

图1-32　2021年长岛毗邻海域大型甲壳类丰度（个/m³）空间分布季节变化

3. 毛颚类

调查海域的毛颚类由强壮滨箭虫1个物种组成。强壮滨箭虫是暖温带物种，是渤海重要的浮游动物优势种，其丰度及出现频率从渤海至南海呈逐渐降低的分布趋势。毛颚类丰度在3～6月缓慢升高，随后急剧上升，8月达到季节性峰值（374个/m³），随后又快速降低至100个/m³以下，并在11、12月维持在25个/m³左右（图1-33）。

4～6月出现频率较低，在50%～70%的调查站位采集到毛颚类，而在3、7、9月均有90%的站位采集到，其余月份全部站位都有出现（图1-34）。整体来看，在空间分布上相对较均匀，但在4、5月主要分布在北部海域，而6月在东侧海域未采集到。在月平均丰度最低的3月，所有站位均低于10个/m³，而在月平均丰度最高的8月，所有站位均高于50个/m³（图1-34）。7～12月无论从丰度上还是从出现频率上都要明显高于3～6月。

4. 水母类

水母类是一类胶质性的浮游动物，本研究将水螅水母和栉水母合并为水母类浮游动物进行分析，受采样网具影响，数据仅为浮游生物网采集到的样品，而未包括海月水母、沙海蜇、海蜇等大型水母。3～4月在调查海域未采集到水母类，5～7月和10月水

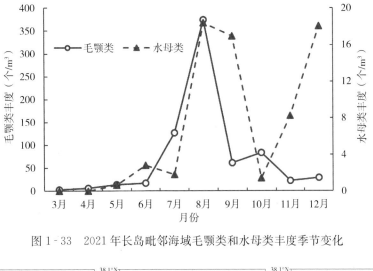

图 1-33　2021 年长岛毗邻海域毛颚类和水母类丰度季节变化

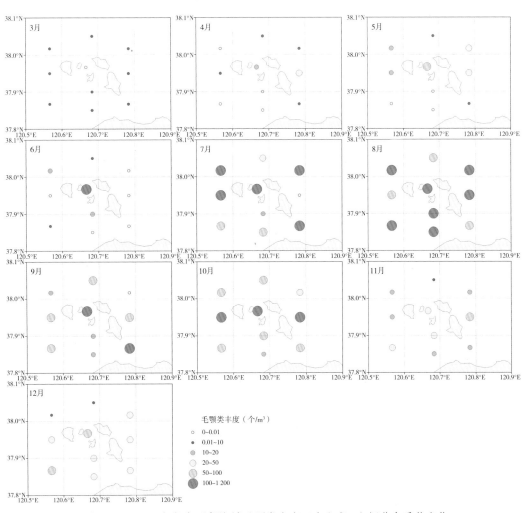

图 1-34　2021 年长岛毗邻海域毛颚类丰度（个/m³）空间分布季节变化

母类月平均丰度均低于 3.0 个/m³，而在 8、9 和 12 月出现月平均丰度高值，均高于 16.0 个/m³（图 1-33）。

从水母类出现频率来看，8～9 月调查海域所有站位均采集到，而在其他月份，出现频率均不高于 60%。水母类斑块性分布明显，如 7 月仅在西南部海域采集到，10 月仅在东侧海域采集到，11 月仅在东南部海域采集到，而 12 月在南部海域 3 个站位均未采集到（图 1-35）。8、9 月调查海域水母类物种多、丰度高，主要原因是随季节变化，海水温度升高，有利于其群落发展。而 11、12 月水母类仅由 1～2 种组成，其丰度相对较高一方面是由于水螅水母的水螅体阶段在环境条件适宜时营无性繁殖，可以实现种群的迅速扩增；另一方面，可能是黄海暖流将黄海水母类输送到长岛毗邻海域。

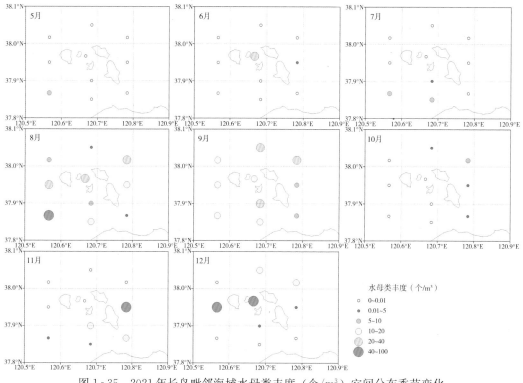

图 1-35　2021 年长岛毗邻海域水母类丰度（个/m³）空间分布季节变化

5. 浮游幼虫

3～12 月调查海域浮游幼虫由纽形动物、环节动物、软体动物、节肢动物、帚虫动物、棘皮动物、半索动物、脊索动物的幼虫组成，其中，软体动物（包括双壳类幼虫、腹足类幼虫等）和节肢动物（包括无节幼虫、短尾类溞状幼虫等）在浮游动物丰度中占比最高。浮游幼虫月平均丰度在 3～8 月逐渐升高，而后至 11 月逐渐降低，在 12 月出现回升（图 1-36），8、9 月（>1 700 个/m³）显著高于其他月份（<750 个/m³）。

整体来看，浮游幼虫在空间分布上相对较均匀，但在 11 和 12 月，东北部海域丰度较低，3、4 月所有调查站位均低于 400 个/m³。8 月由于西南部海域出现极端高值，使其月平均丰度最高，而 9 月所有调查站位均较高，其中 90% 站位丰度超过 1 000 个/m³，可见夏、秋季是许多底栖动物的重要繁殖季节（图 1-37）。

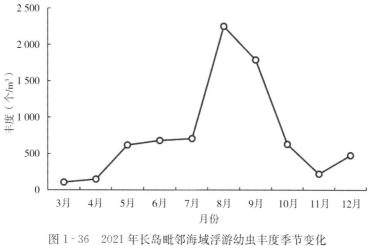

图 1 - 36　2021 年长岛毗邻海域浮游幼虫丰度季节变化

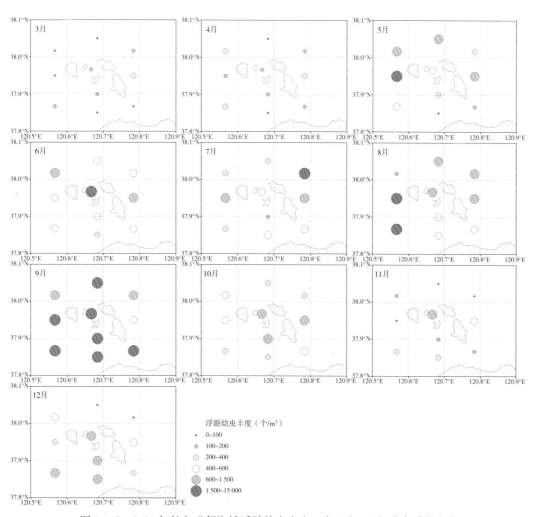

图 1 - 37　2021 年长岛毗邻海域浮游幼虫丰度（个/m³）空间分布季节变化

（四）浮游动物多样性

1. 物种多样性

3～12月调查海域浮游动物月平均物种多样性指数变化幅度较小，最低值出现在11月，最高值出现在9月，变化范围在2.73～3.15；而6～10月，月平均物种多样性指数一直维持在3.00以上；此外，12月多样性指数也高于3.00（图1-38）。

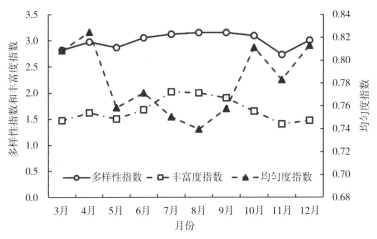

图1-38　2021年长岛毗邻海域多样性指数、丰富度指数和均匀度指数季节变化

调查海域浮游动物物种多样性指数仅在7～9月出现>3.40的高值站位；3、5月所有调查站位均低于3.20；11月整体偏低，未出现超过3.00的调查站位（图1-39）。

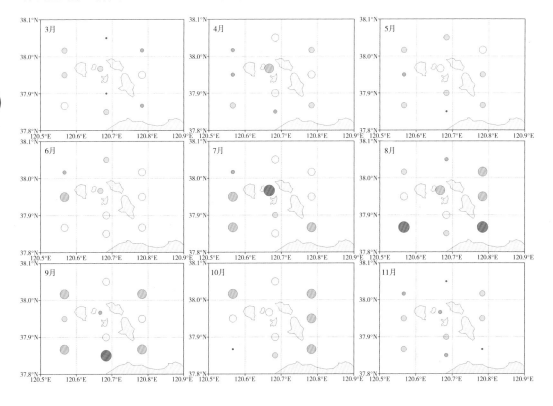

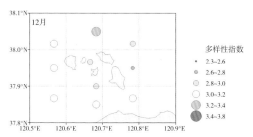

图 1-39　2021年长岛毗邻海域浮游动物多样性指数空间分布季节变化

2. 物种丰富度

3～12月调查海域浮游动物月平均物种丰富度指数变化趋势与多样性指数变化趋势相似，均在3、5和11月出现相对低值，并且最低值出现在11月；不同的是，丰富度指数变化幅度较大，变化范围在1.40～2.02，最高值出现在7月（图1-38）。

从空间分布来看，>2.10的高值站位在7月最多，出现4次，主要分布在调查海域的南部；8月出现3次，主要分布在东部；9月同样出现3次，分布与西南部和东北部；在6、10和12月均出现1次，主要位于东部和北部（图1-40）。5和11月整体均较低，所有站位全部低于1.90，但其中5月有5个站位>1.70，而7月仅有1个站位>1.70（图1-40）。

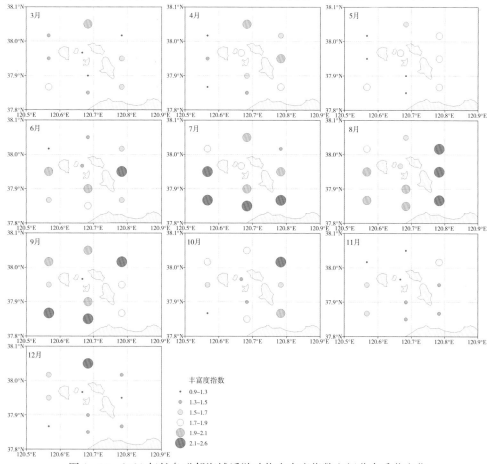

图 1-40　2021年长岛毗邻海域浮游动物丰富度指数空间分布季节变化

3. 物种均匀度

调查海域浮游动物月平均物种均匀度指数在 4 月最高，8 月最低，变化范围是 0.74～0.82，在 3、4、10 和 12 月均高于 0.80，而在 5～9 月均低于 0.78（图 1-38）。

低于 0.70 的调查站位仅有 4 个，发生在 7 月（1 个）和 8 月（3 个），导致这两个月份月平均物种均匀度指数最低。>0.85 的高物种均匀度指数站位出现在 3（2 个）、4（2 个）、11（2 个）、7（1 个）和 10 月（1 个）。12 月虽然未出现 >0.85 的高值站位，但其整体分布均匀，80% 站位物种均匀度位于 0.75～0.80，导致该月均匀度指数较高（图 1-41）。

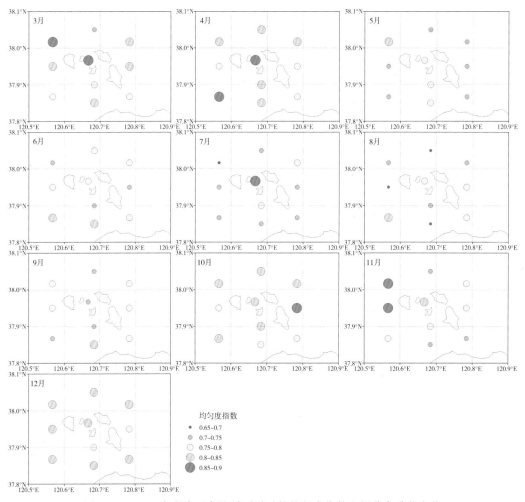

图 1-41 2021 年长岛毗邻海域浮游动物均匀度指数空间分布季节变化

综合评价 2021 年长岛毗邻海域浮游动物多样性状况，其物种多样性指数、丰富度指数及均匀度指数均处于较高水平，说明当地生态系统较健康。

五、海藻场分布

海洋植物是海洋初级生产力和氧气的重要贡献者，包括浮游植物、海藻、海草和红树林等生活在海洋中的植物。海藻是海洋各类藻类的总称，是具有叶绿素、能进行光合作用、营自养生活但缺少维管束和胚等构造的水生生物。海藻通常指大型、多细胞的定生藻类，主要包括大型的红藻、褐藻及绿藻（刘涛，2017）。海藻用不到 1% 的海洋面积贡献了 10% 左右的海洋初级生产力，是海洋生态系统的重要组成部分（刘正一，2014）。

海藻场是一种由大型底栖海藻所形成的近岸海洋生态系统，它包括系统内的鱼类、蟹类等海洋生物，以及水流、光照等物理环境（章守宇等，2019），作为整个海洋生态系统中的重要组成部分，在维持系统的生产力、稳定性等生态功能中扮演着重要角色，是地球生物圈中生物多样性最高的生态系统之一。此外，大型海藻在生长过程中对碳吸收量巨大，是重要的碳汇生物，为海洋生物提供食物、栖息地和庇护场，在近岸海洋生态系统中扮演着不可替代的作用。

岛屿毗邻海域生态系统有别于传统海洋生态系统，其岛礁岩石基底为底栖大型海藻提供了良好的生长基质，较浅的水深也给底栖大型藻类提供了充足的光照，孕育了广袤的海藻场生境，使其具有更复杂的初级碳来源。海藻场这一海藻生物量较高的典型栖息地多分布于海岛周边。相比于浮游植物，大型海藻的生长特性决定了它是岛屿毗邻海域更稳定的主要初级生产者，为海洋生物提供着稳定的食物来源。大型藻类所产生的总有机物中，除了少量的溶解有机物被微生物分解利用外，主要是通过两种途经为海洋消费者们提供食物来源：一是大型藻类的茎叶被海洋植食动物直接啃食；二是受环境影响和自身凋亡产生的有机碎屑被碎屑食性的动物所利用（章守宇，2019）。大型藻类的茎叶为海胆、贝类等植食性的海洋生物提供了食物来源，产生的碎屑又为碎屑食性的腹足类、甲壳类等底栖无脊椎动物提供大量的初级碳来源。海胆、贝类、甲壳类均是岛屿毗邻海域的主要底层海洋生物。

近年来随着环境变化和人类活动的影响，海藻场的生境受到了不同程度的破坏，许多海藻场出现退化现象。为保障海洋可持续发展，海藻场的修复已成为我国近岸和岛屿毗邻海域海洋保护的重要工作之一。

长岛毗邻海域拥有丰富的海藻资源，大型海藻多集中于岛屿基岩岸线的潮间带和潮下带区域，通常呈带状环岛均匀分布在近岸约 30 m 的范围内，其他水浅区域也有分布，具有明显的垂直分布特征（刘正一，2014）。海藻场分为天然和人工养殖两类。天然海藻场多分布于人类活动较少的无人岛和北部岛屿毗邻海域，主要海藻种类有孔石莼（*Ulva pertusa*）、海带、裙带菜（*Undaria pinnatifida*）、裂叶马尾藻（*Sargassum siliquastrum*）、铜藻（*Sargassum horneri*）、鼠尾藻（*Sargassum thunbergii*）、羊栖菜（*Hizikia fusiformis*）、酸藻（*Desmarestia viridis*）等，主要为绿藻和褐藻，属于暖温带和冷温带性质。其中以海带生物量最高，其次为裂叶马尾藻、酸藻、裙带菜、铜藻、孔石莼、鼠尾藻，羊栖菜生物量最低。除了海藻场，长岛周边海域还有海草床分布，主要在南五岛附近，以大叶藻（*Zostera marina*）为主。人工养殖海藻场（海藻养殖区）主要分布在北四岛的南隍城岛和大钦岛周边（图 1-42），主要养殖藻种为海带、裙带菜。长岛产海带占全国产海带的 70% 以上，被誉为"海带之乡"。

长岛虽然拥有众多的自然保护区，但是还没有以保护海藻场为目的的海洋保护区，

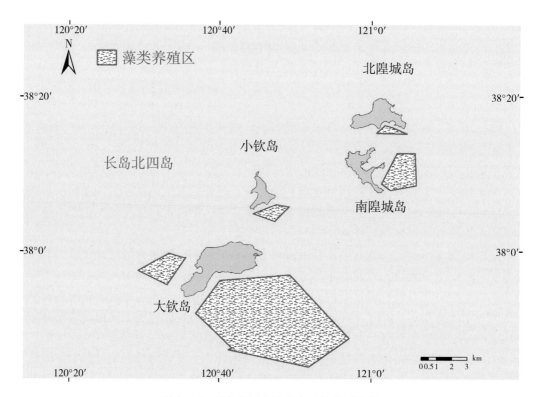

图 1-42　长岛北四岛海藻人工养殖区示意

全国只有南鹿列岛自然保护区是以海藻多样性保护为目的的保护区。随着长岛入列国家公园，在今后的建设中，应将海藻场保护纳入国家公园建设中，以突出长岛国家公园岛屿生态系统的完整性和原真性。

（单秀娟、赵永松、孙策策、栾青杉、时永强、张雨轩、李娜、刘永健、韦超）

参考文献　>>>

范国坤，韩家波，黄继成，等，2005. 长岛海域斑海豹的分布与保护 [J]. 水产科学，24（3）：16-18.

郭卫东，章小明，杨逸萍，等，1998. 中国近岸海域潜在性富营养化程度的评价 [J]. 台湾海峡，17（1）：64-70.

林霄沛，吴德星，鲍献文，等，2002. 渤海海峡断面温度结构及流量的季节变化 [J]. 青岛海洋大学学报（自然科学版），32（3）：355-360.

刘涛，2017. 藻类系统学 [M]. 北京：海洋出版社：8.

刘正一，2014. 黄渤海典型海域海藻的生物地理分布研究 [D]. 南京：南京农业大学.

王恩康，池源，2017. 长岛南部岛群无居民海岛植被净初级生产力评估 [J]. 华中师范大学学报（自然科学版），51（2）：195-202.

王玮云，何健龙，付萍，等，2022. 长岛海域浮游植物群落年际变化及与环境因子的关系 [J].

中国水产科学，29（7）：1002-1012.

韦章良，柴召阳，石洪华，等，2015. 渤海长岛海域浮游动物的种类组成与时空分布［J］. 上海海洋大学学报，24（4）：550-559.

魏泽勋，李春雁，方国洪，等，2003. 渤海夏季环流和渤海海峡水体输运的数值诊断研究［J］. 海洋科学进展，21（4）：454-464.

徐艳东，魏潇，吴兴伟，等，2015. 长岛南部海域海水营养盐特征和富营养化评价［J］. 科学技术与工程，15（22）：214-219.

姚志刚，鲍献文，李娜，等，2012. 北黄海冷水团季节变化特征分析［J］. 中国海洋大学学报（自然科学版），42（6）：9-15.

于非，张志欣，刁新源，等，2006. 黄海冷水团演变过程及其与邻近水团关系的分析［J］. 海洋学报（中文版），28（5）：26-34.

喻龙，王磊，王文君，等，2017. 长岛海域网采浮游植物种类组成及分布［J］. 海洋科学进展，35（3）：404-413.

张志欣，乔方利，郭景松，等，2010. 渤海南部沿岸水运移及渤黄海水体交换的季节变化［J］. 海洋科学进展，28（2）：142-148.

章守宇，刘书荣，周曦杰，等，2019. 大型海藻生境的生态功能及其在海洋牧场应用中的探讨［J］. 水产学报，43（9）：2004-2014.

赵永松，单秀娟，杨涛，等，2022. 长岛毗邻海域底层渔业生物群落多样性特征［J］. 渔业科学进展，43（6）：132-147.

Cheng P，Gao S，Bokuniewicz H，2004. Net sediment transport patterns over the Bohai Strait based on grain size trend analysis［J］. Estuar Coast Shelf Sci，60（2）：203-212.

Hutchins D，Bruland K，1998. Iron-limited diatom growth and Si：N uptake ratios in a coastal upwelling regime［J］. Nature，393：561-564.

Lin C，Ning X，Su J，et al，2005. Environmental changes and the responses of the ecosystems of the Yellow Sea during 1976—2000［J］. J Mar Syst，55（3-4）：223-234.

Redfield A C，Ketchum B H，Rechards F A，1963. The influence of organisms on the composition of seawater［A］. Hill M N. The Sea. Vol. 2［C］. New York：Interscience，26-77.

Sun J，Liu D Y，Yang S M，et al，2002. The preliminary study on phytoplankton community structure in the central Bohai Sea and the Bohai Strait and its adjacent area［J］. Oceanol Limnol Sini，33（5）：461-471.

Tang Q S，Jin X S，Wang J，et al，2003. Decadal-scale variations of ecosystem productivity and control mechanisms in the Bohai Sea［J］. Fish Oceanogr，12（4-5）：223-233.

Tomas C R，1997. Identifying Marine Phytoplankton［M］. San Diego：Academic Press.

Uterm hl H，1958. Zurvervollkommnung der quantitativen phytoplankton-methodik［J］. Mitt Int Ver Theor Angew Limnol，9：1-38.

第二章 CHAPTER 2

长岛毗邻海域鱼类早期资源分布

渔业种群资源量的变动主要是由其补充量来决定，海洋鱼类通过繁殖、发育和生长使种群因自然死亡和捕捞死亡而导致的减损得到补偿（Hutchings et al，2004）。产卵场及育幼场是海洋鱼类早期补充的关键场所，其环境状况（张雨轩等，2022a）及捕捞效率规划（苏程程等，2021）的合理性直接决定海洋鱼类的早期补充效率，进而影响其群落结构及海洋生态系统的稳定性。开展海洋鱼类产卵场持续性观测，分析鱼类早期资源的月际及年际变动及其与环境因子的相关性，有利于科学规划特定物种补充群体的保护策略。

长岛位于黄渤海交汇处，其南邻的山东半岛北岸有黄河、潍河、小清河等多条河流入海，众多岛屿之间水道繁布，海底地形复杂，海洋生境多变（赵永松等，2022）。长岛毗邻水域东临烟威近岸产卵场（张雨轩等，2022b），西接莱州湾（卞晓东等，2022a）、渤海湾产卵场（万瑞景等，1998）、北通辽东湾（于旭光等，2018）、北黄海产卵场（于旭光等，2020），每年有众多洄游性海洋鱼类的产卵群体及幼鱼经该水域于黄海及渤海间迁徙，其鱼类早期群落结构兼具黄渤海各产卵场特征，是黄渤海洄游性鱼种的关键输运关卡。因此，该水域鱼类早期资源群落特征具有渤海至黄海中北部的大区域代表性，具有温带岛屿毗邻水域生态系统的典型性，相关研究成果可为黄渤海大面水域鱼类产卵场健康评估及保护策略的时空统筹奠定科学基础。

山东长岛近海渔业资源国家野外科学观测研究站于 2021 年 3～12 月在长岛毗邻水域逐月开展鱼卵及仔、稚鱼调查，以探究该水域鱼类早期资源群落结构的年内变动特征，全面补充长岛毗连黄渤海水域的鱼类产卵群体物种信息，初步总结洄游性海洋鱼类在渤海至黄海中北部大面水域内的迁徙规律，并结合环境因子对海洋鱼类群落产卵适宜性展开科学评估，以期为黄渤海鱼类产卵场保护提供理论支撑。

第一节　数据来源与处理方法

一、样品采集与处理

春季（3～4 月）、春夏季（5～7 月）、夏秋季（8～9 月）和秋冬季（10～12 月），于调查水域开展共 10 航次、每航次 10 站位的鱼卵及仔、稚鱼逐月调查，采样区域及站位如图 2-1 所示。调查船为鲁昌渔 64756 及鲁昌渔 65678，海上调查流程严格遵守《海洋调查规范——海洋生物调查》（GB/T 12763.6—2007）。每站位使用标准大型浮游生物网（网口内径 0.8 m，网目孔径 5.05×10^{-2} mm）于海水表层以 2 n mile/h 拖速迎流水平拖行 10 min，以采集鱼卵及仔、稚鱼样品。

样品采集后使用 5‰甲醛海水溶液固定保存并转入实验室开展全样本分析，于体视显微镜下经形态学鉴定并反复核实，确认至各物种单元，并按照种类、固定时存活状态及发育阶段分别记录个体数。样本分析严格遵守《海洋调查规范——海洋生物调查》（GB/T 12763.6—2007）。物种学名参考 World Register of Marine Species（WoRMS，https：//www.marinespecies.org/），形态学鉴定参考张仁斋等（1985）、冲山宗雄（2014）和万瑞景等（1998a，1998b，2016）。

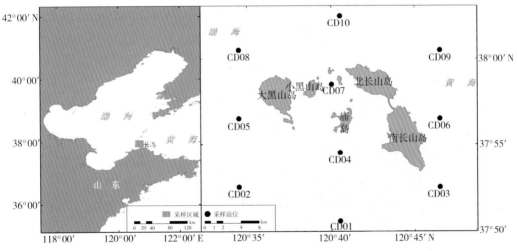

图 2-1　2021 年 3～12 月长岛毗邻水域鱼类早期资源采样区域及站位

二、 资源分布

鱼卵及仔、稚鱼资源分布以密度（每 10 min 的个数）表示，基于经验贝叶斯克里金法（Fox et al，2019）对鱼卵及仔、稚鱼密度进行插值，表征鱼类早期资源月际变动及月内空间格局。

运用 Garrison 分布重心法（Garrison，2001）计算鱼卵和仔、稚鱼的资源分布重心，并根据重心点坐标及其逐月直线移动轨迹，运用 ArcGIS 软件制作 2021 年 3～12 月重心分布图，以表征资源分布重心在调查水域内的时空变动格局。资源分布重心坐标的计算公式如下：

$$X = \frac{\sum_{i=1}^{n} X_i \times N_i}{\sum_{i=1}^{n} N_i}$$

$$Y = \frac{\sum_{i=1}^{n} Y_i \times N_i}{\sum_{i=1}^{n} N_i}$$

X：资源分布重心的经度；

Y：资源分布重心的纬度；

X_i：i 站位的经度；

Y_i：i 站位的纬度；

N_i：i 站位的鱼类早期资源数量，个。

三、 物种优势度

通过 Pinkas 相对重要性指数（Index of relative importance，IRI）（Pinkas，1971）判断 3~12 月各月份鱼卵，仔、稚鱼的优势种（$IRI \geq 1\,000$），重要种（$1\,000 > IRI \geq 100$），常见种（$100 > IRI > 10$），一般种（$10 > IRI > 1$）和少见种（$IRI < 1$）（程济生，2004），计算公式如下：

$$IRI = N\% \times F\% \times 10^4$$

式中，$N\%$ 为某种鱼卵或仔、稚鱼的数量占当月鱼卵或仔、稚鱼总数量的百分比，$F\%$ 为某种鱼卵或仔、稚鱼的站位出现频率。

四、 物种多样性季节变化

通过 Margalef 丰富度指数 D（Margalef，1957）、香农－威纳多样性指数 H'（Shannon，1948）和 Pielou 均匀度指数 J'（Pielou，1966）判断鱼卵及仔、稚鱼生物多样性的季节及月际变动情况，计算公式如下：

$$D = \frac{S-1}{\ln N}$$

$$H' = \sum_{i=1}^{s} \frac{N_i}{N} \ln \frac{N_i}{N}$$

$$J' = \frac{H'}{\ln S}$$

式中，S 为当季鱼卵或仔、稚鱼物种数量，个；N_i 为当季物种 i 的鱼卵或仔、稚鱼数量，个；N 为当季所有物种的鱼卵或仔、稚鱼总数量，个。

五、 群落结构更替

3~12 月各相邻月份间鱼卵及仔、稚鱼种类更替率（E）计算公式为（卞晓东等，2010）：

$$E = \frac{A}{A+B}$$

式中，A 为邻季之间鱼类早期资源种类增加数与减少数之和；B 为邻季之间相同种类数。

对产卵和分布盛期内的鱼卵及仔、稚鱼群落分别进行相似性百分比分析（Similarity percentage analysis，SIMPER），计算相邻月份各物种平均相异性贡献率，反映鱼卵及仔、稚鱼种类在盛期内月际更替的主要分歧种（平均相异性贡献率之和达90％的物种）。

六、 鱼类产卵适宜性

栖息地适宜性指数模型（Habitat suitability index models，HSI 模型）是研究海洋鱼类生活史内对栖息地选择偏好的有效工具（Brown et al，2000），海表温度（Sea surface temperature，SST）与海表盐度（Sea surface salinity，SSS）是影响海洋鱼类产卵选择的重要环境因子（卞晓东等，2022b；张雨轩等，2022a）。基于产卵盛期内海洋鱼类群落鱼卵密度（D）、SST 和 SSS 数据分别构建 $D\text{-}SST$ 矩阵与 $D\text{-}SSS$ 矩阵，将矩阵中 SST 与 SSS 依据频率分布法划分为不同区段（刘赫威等，2021），取各区段内鱼卵密度的均值（李增光等，2012）作为计算其适宜性指数（Suitability index，SI）的指标，计算公式为：

$$SI_i = \frac{D_i - D_{\min}}{D_{\max} - D_{\min}}$$

式中，D_i 为 i 区段内鱼卵密度均值，$D_{\max}$ 和 $D_{\min}$ 分别为产卵盛期各环境因子区段内鱼卵密度最大值和最小值；SI_i 为 i 区段的适宜性指数，$SI \in [0，1]$。

分别以 SST 和 SSS 为自变量、SI 为响应变量，拟合海洋鱼类群落产卵适宜性指数的单变量模型。一般假设生物对环境因子的适宜性属于正态分布，通过一元非线性模型分别参数化拟合产卵盛期内 SST、SSS 与 SI 的关系（刘赫威等，2021），公式为：

$$SI_x = \exp\left[a \times (x - b)^2\right]$$

式中，x 为环境因子 SST 或 SSS；a 和 b 为模型参数，通过最小二乘法进行参数估计，利用 P 值判断参数显著性；SI_x 为 x 作单一自变量的适宜性指数模型预测的适宜性指数。

基于算数平均模型（Arithmetic mean model，AMM）、几何平均模型（Geometric mean model，GMM）、最小值模型（Minimum model，MINM）和最大值模型（Maximum model，MAXM）构建各月鱼卵的 HSI 模型（范江涛等，2015），各模型的 SI_x 组合算法如下：

$$HSI_{AMM} = \frac{1}{2} \times (SI_{SST} + SI_{SSS})$$

$$HSI_{GMM} = \sqrt{SI_{SST} \times SI_{SSS}}$$

$$HSI_{MINM} = \min[SI_{SST}，SI_{SSS}]$$

$$HSI_{MAXM} = \max[SI_{SST}，SI_{SSS}]$$

式中，SI_{SST} 为基于海表温度预测的适宜性指数，SI_{SSS} 为基于海表盐度预测的适宜性指数；HSI_{AMM}、HSI_{GMM}、HSI_{MINM} 和 HSI_{MAXM} 分别为通过算术平均法、几何平均法、最小值法和最大值法预测的产卵适宜性指数。

基于显著性 P 值判断单变量 SI 模型参数的估计效果，通过赤池信息准则（Akaike

information criterion，AIC）和 R^2 筛选最优 HSI 模型，使用反距离权重法对最优 HSI 模型预测值进行空间插值，以表征产卵盛期内海洋鱼类群落产卵适宜性的时空分布。

第二节　鱼类早期资源数量分布

一、鱼卵数量分布

3～12 月鱼卵密度的站位分布情况如图 2-2 所示，共采集鱼卵 71 695 粒，其中，3、4、9、11、12 月未采集到，5 月采集到 8 951 粒，出现频率为 100%，平均密度为每 10 min 895.1 粒，集中分布于长岛西南、东北部水域，以调查水域西南部 CD02 站密度最高，为每 10 min 5 209 粒；6 月采集到 59 049 粒，出现频率为 100%，平均密度为每

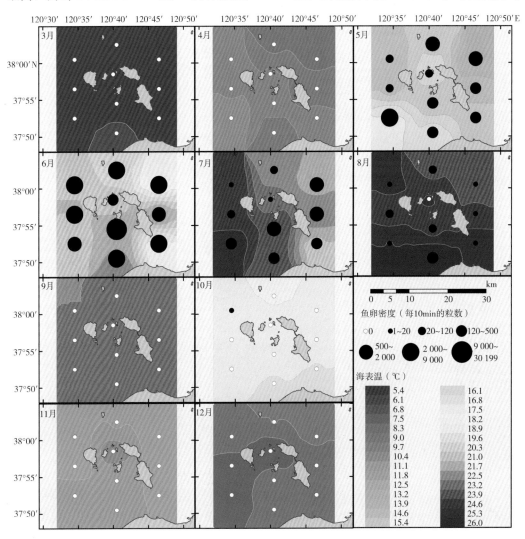

图 2-2　2021 年 3～12 月长岛毗邻水域鱼卵密度及海表温度时空格局

10 min 5 904.9 粒，除小黑山岛东部 CD07 站外，其余站位平均密度均高于每 10 min 1 000 粒，以庙岛南部 CD04 站密度最高，为每 10 min 30 199 粒；7 月采集到 3 396 粒，出现频率为 100%，平均密度为每 10 min 339.6 粒，集中分布于长岛南部、东部水域，以北长山岛东北部 CD09 站密度最高，为每 10 min 868 粒；8 月采集到 298 粒，出现频率为 90%，平均密度为每 10 min 29.8 粒，长岛西部、南部水域密度较高，以调查水域南部 CD01 站密度最高，为每 10 min 181 粒；10 月采集到 1 粒，分布于大黑山岛西北部 CD08 站。

二、 仔、稚鱼数量分布

3～12 月仔、稚鱼密度的站位分布情况如图 2-3 所示，共采集仔、稚鱼 1 161 尾，其中，3 月采集到 10 尾，出现频率为 20%，平均密度为每 10 min 1 尾，以调查水域北部 CD10 站密度最高，为每 10 min 8 尾；4 月采集到 27 尾，出现频率为 50%，平均密

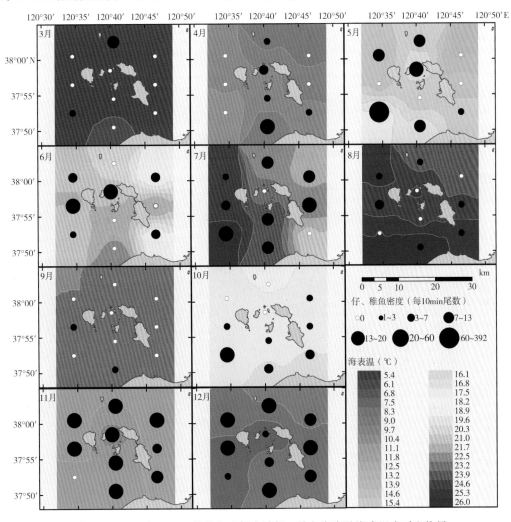

图 2-3　2021 年 3～12 月长岛毗邻水域仔、稚鱼密度及海表温度时空格局

度为每 10 min 2.7 尾，集中分布于调查水域中部和南部，以南部 CD01 站密度最高，为每 10 min 14 尾；5 月采集到 446 尾，出现频率为 60%，平均密度为每 10 min 44.6 尾，集中分布于南、北长山岛以西，以调查水域西南部 CD02 站密度最高，为每 10 min 392 尾；6 月采集到 48 尾，出现频率为 60%，平均密度为每 10 min 4.8 尾，集中分布于调查水域中西部，以大黑山岛西部 CD05 站密度最高，为每 10 min 16 尾；7 月采集到 159 尾，出现频率为 80%，平均密度为每 10 min 15.9 尾，集中分布于调查水域西南部及东部，以南长山岛东部 CD06 站密度最高，为每 10 min 91 尾；8 月采集到 14 尾，出现频率为 60%，平均密度为每 10 min 1.4 尾，以大黑山岛西部 CD05 站密度最高，为 5 尾；9 月采集到 3 尾，出现频率为 20%，平均密度为每 10 min 0.3 尾，出现于调查水域南部 CD01 及西部 CD05 站；10 月采集到 32 尾，出现频率为 70%，平均密度为每 10 min 3.2 尾，分布于调查水域西部、南部和东部，以调查水域西南部 CD02 站密度最高，为每 10 min 14 尾；11 月采集到 241 尾，出现频率为 90%，平均密度为每 10 min 24.1 尾，除调查水域西南部及东南部外，其余大面水域密度均较高，以调查水域北部 CD10 站密度最高，为每 10 min 77 尾；12 月采集到 181 尾，出现频率为 100%，平均密度为每 10 min 18.1 尾，除调查水域中部及西南部外，其余水域密度较高，以南长山岛东部 CD06 站密度最高，为每 10 min 45 尾。

三、 鱼卵及仔、稚鱼分布重心

5~8 月产卵重心月际迁移状况如图 2-4a 所示。在主要产卵季节内，产卵重心集中分布于调查水域中南部，盛期 5~7 月，产卵重心由大黑山岛南部近岸水域东移至庙岛南部近岸水域，而后继续东移至南长山岛，迁移路线明显为自西向东；8 月产卵重心则移至庙岛南部远岸水域。

3~12 月仔、稚鱼重心月际迁移状况如图 2-4b 所示。在主要分布期内，5~7 月重心自调查水域西南部移至小黑山岛南部水域，而后向东南迁移至南长山岛西北部近岸水域，迁移路线整体呈现自西向东；10~12 月自调查水域南部移至小黑山岛东北部近岸水域，而后移至庙岛东北部近岸水域，呈现自南向北再向东南的迁移路线。

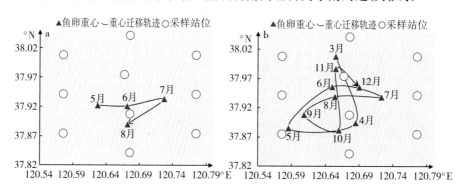

图 2-4　2021 年 5~8 月和 3~12 月长岛毗邻水域鱼类早期资源分布重心迁移
a：鱼卵分布重心；b：仔、稚鱼分布重心

综上所述，调查水域海洋鱼类产卵期为 5~8 月，产卵重心分布于大黑山岛、庙岛和南长山岛的中间和南部水域，其中春夏季 5～7 月为产卵盛期，以 6 月为产卵高峰期，8 月产卵量明显减少，9 月之后几无鱼卵分布；岛群中北部 CD07 站水深较浅，且贝类养殖及船舶通航等人类活动频繁，影响了该水域的海洋环境，对产卵活动造成较强的人为扰动，使亲体对该水域的产卵偏好降低，鱼卵密度于各月均处全调查水域的较低水平。仔、稚鱼数量盛期为春夏季 5～7 月及秋冬季 11～12 月，春夏季总数最多，但空间分布不均，5 月调查水域中部 37°55′N 上下的纬向断面几无仔、稚鱼分布，秋冬季则兼具较高的密度与空间均匀度。

第三节　鱼类早期资源种类及其数量变动

一、鱼类早期资源种类

3～12 月共采集 21 种鱼卵，全部鉴定到种，隶属 6 目 16 科。已鉴定种类中，鲈形目（Perciformes）13 种，鲱形目（Clupeiformes）3 种，鲽形目（Pleuronectiformes）2 种，灯笼鱼目（Myctophiformes）、鲻形目（Mugiliformes）和鮟鱇目（Lophiiformes）各 1 种；共采集仔、稚鱼 21 种，隶属 6 目 16 科，其中，鲈形目 13 种，鲱形目 3 种，颌针鱼目（Beloniformes）2 种，银汉鱼目（Atheriniformes）、海龙目（Syngnathiformes）和鲻形目各 1 种（表 2-1）。

表 2-1　2021 年 3～12 月长岛毗邻水域鱼类早期资源种类

资源种类	月份									
	3	4	5	6	7	8	9	10	11	12
鲱科 Clupeidae										
斑鰶 *Konosirus punctatus*			○			●				
青鳞小沙丁鱼 *Sardinella zunasi*				●						
鳀科 Engraulidae										
鳀 *Engraulis japonicus*			○●	○●	○	○		●	●	
赤鼻棱鳀 *Thryssa kammalensis*					○					
银汉鱼科 Atherinidae										
白氏银汉鱼 *Hypoatherina valenciennei*					●	●				
狗母鱼科 Synodontidae										
长蛇鲻 *Saurida elongata*				○	○	○				
颌针鱼科 Belonidae										
尖嘴扁颌针鱼 *Strongylura anastomella*				●	●	●				
鱵科 Hemiramphidae										
沙氏下鱵 *Hyporhamphus sajori*				●	●					
海龙科 Syngnathidae										
薛氏海龙 *Syngnathus schlegeli*				●	●					
鲻科 Mugilidae										

资源种类	月份									
	3	4	5	6	7	8	9	10	11	12
鲹 *Planiliza haematocheilus*			○●							
花鲈科 Sparidae										
花鲈 *Lateolabrax japonicus*								○	●	
鱚科 Sillaginidae										
少鳞鱚 *Sillago japonica*				○	○●	○				
鲹科 Carangidae										
黄条鰤 *Seriola lalandi*			○	○						
石首鱼科 Sciaenidae										
白姑鱼 *Pennahia argentata*				○	○●					
叫姑鱼 *Johnius grypotus*				○						
黄姑鱼 *Nibea albiflora*				○						
鲷科 Sparidae										
黑鲷 *Acanthopagrus schlegelii*			○							
鳚科 Blenniidae										
矶鳚 *Parablennius yatabei*							●			
日本笠鳚 *Chirolophis japonicus*										●
锦鳚科 Pholidae										
方氏云鳚 *Pholis fangi*		●								●
玉筋鱼科 Ammodytidae										
玉筋鱼 *Ammodytes personatus*	●	●								●
鲻科 Callionymidae										
绯鲻 *Callionymus beniteguri*			○	○	○					
瓦氏鲻 *Callionymus valenciennei*					○					
带鱼科 Trichiuridae										
带鱼 *Trichiurus lepturus*					○	○				
小带鱼 *Eupleurogrammus muticus*				○	○	○				
鲭科 Scombridae										
蓝点马鲛 *Scomberomorus niphonius*			○	○						
虾虎鱼科 Gobiidae										
钟馗虾虎鱼 *Tridentiger barbatus*				●						
纹缟虾虎鱼 *Tridentiger trigonocephalus*				●						
普氏细棘虾虎鱼 *Acentrogobius pflaumii*				●	●					
平鲉科 Sebastidae										
许氏平鲉 *Sebastes schlegelii*			●	●						

资源种类	月份									
	3	4	5	6	7	8	9	10	11	12
汤氏平鲉 *Sebastes thompsoni*				●						
六线鱼科 Hexagrammidae										
大泷六线鱼 *Hexagrammos otakii*	●	●						●	●	●
鲬科 Platycephalidae										
鲬 *Platycephalus indicus*			○	○						
牙鲆科 Paralichthyidae										
褐牙鲆 *P. olivaceus*				○						
舌鳎科 Cynoglossidae										
焦氏舌鳎 *Cynoglossus joyneri*				○	○	○				
鮟鱇科 Lophiidae										
黄鮟鱇 *Lophius litulon*				○						

注："○"表示鱼卵出现，"●"表示仔、稚鱼出现。

二、 鱼类早期资源种类数量变动

3～12 月鱼类早期资源种类数季节及月际变动情况如图 2-5 所示。春季水温较低，未采集到鱼卵，采集到 3 种仔、稚鱼，其中 3 月采集到 2 种，4 月采集到 3 种。春夏季是海水升温期，调查水域产卵种类与仔、稚鱼种类数骤升，共采集到 20 种鱼卵和 14 种仔、稚鱼，其中 5 月分别采集到 10 种和 3 种；6 月分别采集到 12 种和 9 种，7 月分别采集到 10 种和 8 种。夏秋季鱼卵及仔、稚鱼种类数开始降低，共分别采集到 6 种和 4 种，其中 8 月分别采集到 6 种和 3 种；9 月产卵期基本结束，仅采集到 1 种仔、稚鱼，未采集到鱼卵。秋冬季水温逐渐降低，仅采集到 1 种鱼卵，采集到 6 种仔、稚鱼，其中 10 月采集到 1 种鱼卵和 2 种仔、稚鱼，11 月采集到 3 种仔、稚鱼，12 月采集到 4 种仔、稚鱼。综合来看，长岛毗邻水域鱼卵种类数在 5～8 月较多，其他月份几乎无产卵鱼种。仔、稚鱼种类在 6～7 月较多，夏秋季明显减少，秋冬季相比夏秋季有所回升。

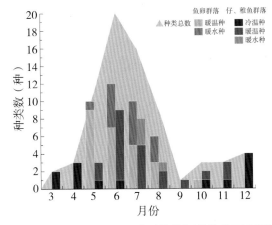

图 2-5 2021 年 3～12 月鱼类早期资源种类数及适温类型

第四节　鱼类早期资源多样性季节变化

3～12月鱼类早期资源多样性指数季节变动情况如图2-6a-b所示。春夏季鱼卵丰富度指数高于夏秋季，而多样性指数与均匀度指数低于夏秋季。仔、稚鱼丰富度指数以春夏季最高，夏秋季次高，秋冬季次低，春季最低；多样性指数以春夏季最高，夏秋季次高，春季次低，秋冬季最低；均匀度指数以春季最高，夏秋季次高，秋冬季次低，春夏季最低。

在产卵盛期春夏季，鳀卵占全部调查月份鱼卵总数的95.37%，使该时期鱼卵丰富度指数高达1.70，远高于夏秋季；但鳀卵在春夏季20种鱼卵总数中所占比例高达95.77%，使当季鱼卵群落多样性与均匀度处于极低水平。春夏季与秋冬季是仔、稚鱼主要分布期，其数量分别占全部调查月份仔、稚鱼总数的58.99%和41.01%，春夏季以鳀与白氏银汉鱼为主，分别占当季14种仔、稚鱼总数的68.15%与20.06%，秋冬季主要是大泷六线鱼与玉筋鱼两种鱼类，分别占当季6种仔、稚鱼总数的72.91%和22.25%，但春夏季的仔、稚鱼总数与种类数均明显高于秋冬季，因此春夏季和秋冬季其群落均匀度均处较低水平，而春夏季仔、稚鱼群落丰富度、多样性均高于秋冬季。

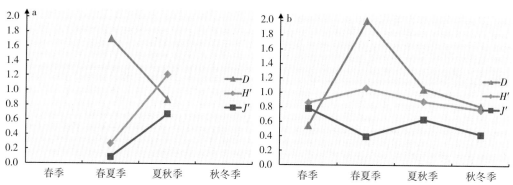

图 2-6　2021年3～12月不同季节鱼类早期资源多样性指数季节变动
a：鱼卵多样性指数；b：仔、稚鱼多样性指数

第五节　鱼类早期资源群落更替

一、优势种与重要种

3～12月调查水域鱼类早期资源优势种与重要种的月际变动情况如表2-2所示。3月仔、稚鱼优势种为大泷六线鱼，重要种为玉筋鱼。4月仔、稚鱼优势种为方氏云鳚和大泷六线鱼，无重要种。5月鱼卵优势种为鳀，无重要种；仔、稚鱼优势种为鳀，无重要种。6月鱼卵优势种为鳀，无重要种；仔、稚鱼无优势种，重要种为普氏细棘虾虎鱼、沙氏下鱵、纹缟虾虎鱼、许氏平鲉和鳀。7月鱼卵优势种为鳀、少鳞鱚和白姑鱼，重要种为短吻红舌鳎、绯鲻和长蛇鲻；仔、稚鱼优势种为白氏银汉鱼，重要种为沙氏下鱵和普氏细棘虾虎鱼。8月鱼卵优势种为少鳞鱚，重要种为带鱼、短吻红舌鳎和长蛇

鳚；仔、稚鱼优势种为白氏银汉鱼，无重要种。9月仔、稚鱼优势种为矶鳚，无重要种。10月鱼卵优势种为花鲈，无重要种；仔、稚鱼优势种为大泷六线鱼，无重要种。11月仔、稚鱼优势种为大泷六线鱼，无重要种。12月仔、稚鱼优势种为玉筋鱼和大泷六线鱼，无重要种。

表 2-2　2021 年 3～12 月鱼类早期资源优势种与重要种

月份	鱼卵		仔、稚鱼	
	物种	IRI	物种	IRI
3	/	/	大泷六线鱼 Hexagrammos otakii	**1 800.00
			玉筋鱼 Ammodytes personatus	* 100.00
4	/	/	方氏云鳚 Pholis fangi	**2 666.67
			大泷六线鱼 Hexagrammos otakii	**1481.48
5	鳀 Engraulis japonicus	**9 836.89	鳀 Engraulis japonicus	**5 919.28
6	鳀 Engraulis japonicus	**9 800.00	普氏细棘虾虎鱼 Acentrogobius pflaumii	* 812.50
			沙氏下鱵 Hyporhamphus sajori	* 562.50
			纹缟虾虎鱼 Tridentiger trigonocephalus	* 416.67
			许氏平鲉 Sebastes schlegelii	* 250.00
			鳀 Engraulis japonicus	* 208.33
7	鳀 Engraulis japonicus	**2 896.05	白氏银汉鱼 Hypoatherina valenciennei	**4 943.40
	少鳞鱵 Sillago japonica	**2 017.96	沙氏下鱵 Hyporhamphus sajori	* 408.81
	白姑鱼 Pennahia argentata	**1 222.32	普氏细棘虾虎鱼 Acentrogobius pflaumii	* 113.21
	焦氏舌鳎 Cynoglossus joyneri	* 141.34		
	绯鱼铜 Callionymus beniteguri	* 132.51		
	长蛇鲻 Saurida elongata	* 121.61		
8	少鳞鱵 Sillago japonica	**2 107.38	白氏银汉鱼 Hypoatherina valenciennei	**5 142.86
	带鱼 Trichiurus lepturus	* 973.15		
	焦氏舌鳎 Cynoglossus joyneri	* 654.36		
	长蛇鲻 Saurida elongata	* 147.65		
9	/	/	矶鳚 Parablennius yatabei	**2 000.00
10	花鲈 Lateolabrax japonicus	**1 000.00	大泷六线鱼 Hexagrammos otakii	**6 781.25
11	/	/	大泷六线鱼 Hexagrammos otakii	**8 551.87
12	/	/	玉筋鱼 Ammodytes personatus	**5 022.10
			大泷六线鱼 Hexagrammos otakii	**3 922.65

注："/"表示当月未采集到鱼卵；"＊＊"表示优势种，"＊"表示重要种。

二、物种更替率

3～12 月鱼类早期资源物种更替率如图 2-7 所示。除 5～8 月外，其他月份鱼卵及仔、稚鱼种类均较少，邻月交替常表现出极高或极低的物种更替率。5～8 月内，鱼卵物种更替率逐渐降至较低水平，邻月其群落趋于相似，仔、稚鱼物种更替率先降后升且一直处于较高水平（$E>60\%$），说明5～8月其群落月际差异大于鱼卵群落。

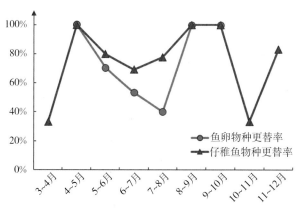

图2-7　2021年3～12月鱼类早期资源物种更替率

三、　鱼类早期资源群落差异

调查水域鱼类早期资源主要分布期内的月间分歧种如表2-3所示。在产卵盛期5～7月，鳀是月际交替的唯一分歧种，平均相异性贡献率大于95%，说明6月极高的鳀卵数量掩盖了其他物种的鱼卵数量变化对群落结构的影响，对群落结构相异性起到决定作用。在仔、稚鱼主要分布期内，鳀仔、稚鱼在6月的大幅减少使其成为5～6月的唯一分歧种，掩盖了8个仔、稚鱼物种更替对群落结构的影响；白氏银汉鱼仔、稚鱼在7月大量出现，又在11月完全消失，为此3个月份交替的重要分歧种；随着水温下降，大泷六线鱼仔、稚鱼在11月大量出现，12月数量减少过半，为此3个月份交替的首要分歧种；玉筋鱼由于冷温性的适温特征，其仔、稚鱼于12月大量出现并在当月优势度最高，成为11～12月群落结构更替的重要分歧种。

表2-3　鱼类早期资源主要分布期月间分歧种

交替月份	鱼卵分歧种	Ad	C（%）	仔、稚鱼分歧种	Ad	C（%）
5～6	鳀 Engraulis japonicus	72.15	97.51	鳀 Engraulis japonicus	88.06	91.39
6～7	鳀 Engraulis japonicus	90.42	95.73	白氏银汉鱼 Hypoatherina valenciennei	63.29	74.86
				纹缟虾虎鱼 Tridentiger trigonocephalus	4.83	5.71
				普氏细棘虾虎鱼 Acentrogobius pflaumii	3.38	4.00
				许氏平鲉 Sebastes schlegelii	2.90	3.43
				鳀 Engraulis japoniucs	2.42	2.86
7～11				大泷六线鱼 Hexagrammos otakii	57.25	57.25
				白氏银汉鱼 Hypoatherina valenciennei	32.75	32.75
11～12				大泷六线鱼 Hexagrammos otakii	37.44	56.43
				玉筋鱼 Ammodytes personatus	23.93	36.07

注：Ad 表示平均相异性，C 表示平均相异性贡献率。

第六节　鱼类产卵适宜性评价

综合调查水域鱼类早期资源群落分析结果，春夏季的鱼卵种类与数量均为全调查季节的最高水平，因此选取 5~7 月鱼卵密度、SST 和 SSS 数据构建 HSI 模型，对该水域鱼类产卵适宜性展开科学评价。单变量 SI 模型参数估计结果如表 2-4 所示，SI_{SST} 与 SI_{SSS} 模型参数均在 0.05 水平下显著，说明其参数估计具有较好的统计学意义。

表 2-4　单变量适宜性指数模型参数估计结果

单变量 SI 模型	R^2	F	P
$SI_{SST} = \exp\left[-0.106\,2 \times (SST - 19.473\,6)^2\right]$	0.56	15.13	0.011 5
$SI_{SSS} = \exp\left[-2.652\,3 \times (SSS - 31.395\,1)^2\right]$	0.33	6.82	0.047 6

产卵盛期内，SST、SSS 与适宜性指数的拟合曲线如图 2-8a-b 所示。拟合曲线显示，模型预测值与样本值吻合程度良好，春夏季产卵盛期内海洋鱼类群落产卵最适 SST 为 19.47℃，最适 SSS 为 31.40。

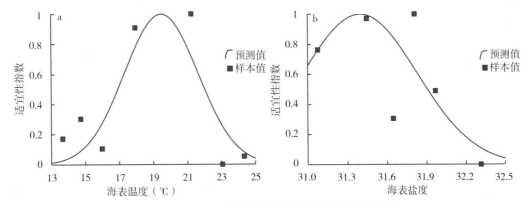

图 2-8　适宜性指数样本值及单变量模型拟合曲线

a：SI_{SST}；b：SI_{SSS}

利用 AMM、GMM、MINM 和 MAXM 方法分别构建的 HSI 模型统计学参数如表 2-5 所示。HSI_{AMM} 拥有最低的 AIC 和最高的 R^2，为最优 HSI 模型，因此使用 HSI_{AMM} 预测值绘制产卵盛期内调查水域海洋鱼类群落产卵适宜性的时空分布图。

表 2-5　栖息地适宜性指数模型的统计学参数

统计项	AMM	GMM	MINM	MAXM
AIC	-84.45	-82.88	-69.22	-70.34
R^2	0.86	0.85	0.79	0.84

由产卵盛期内海洋鱼类产卵适宜性指数及鱼卵密度时空分布情况（图 2-9）可以看出，HSI 预测结果与鱼卵密度的时空变动情况基本吻合，基于 SST 与 SSS 数据建立

的 *HSI* 模型拟合效果良好。在产卵盛期内，鱼卵密度高于每 10 min 120 个的站位多分布于 *HSI* > 0.2 的海域，鱼卵密度高于每 10 min 2 000 个的站位多分布于 *HSI* > 0.7 的海域。

5 月调查水域西南部至南部水域出现 15.9℃ 以上的高温斑块，其他水域水温较低，因此当月该水域具范围较大的 *HSI* 高值区。6 月表层水温高于 19.5℃，盐度高于 31.4，接近单变量模型拟合的最适环境，调查水域大面范围的 *HSI* 高于 0.7，驱动着海洋鱼类于该水域大量产卵；小黑山岛周边水域 *HSI* 高于 0.8，但此处鱼卵密度为当月较低水平，或是船舶通行与水产养殖等人类活动干扰了产卵亲鱼的聚集。7 月表层水温升高至 21℃ 以上，但表层盐度降至 31.0 以下，使当月 *HSI* 大幅降低，不过大面海域的 *HSI* 高于 0.4，较适宜海洋鱼类产卵，因此当月海洋鱼类的产卵强度仍保持较高水平。综合来看，春夏季鱼类产卵适宜区呈现由西南沿岸水域扩散至大面海域，而后向黄海转移并萎缩的变化趋势。

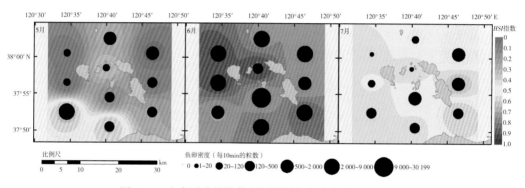

图 2-9 产卵适宜性指数预测结果与鱼卵密度时空分布

（张雨轩、卞晓东、韦超）

长岛毗邻海域底层渔业资源与栖息环境

参考文献　>>>

卞晓东，万瑞景，金显仕，等，2022a. 渤海莱州湾硬骨鱼类早期资源群落结构及演变 [J]. 水产学报，46（1）：51-72.

卞晓东，万瑞景，单秀娟，等，2022b. 莱州湾中上层小型鱼类早期资源量动态及其外在驱动因素 [J]. 中国水产科学，29（3）：446-468.

卞晓东，张秀梅，高天翔，等，2010. 2007 年春、夏季黄河口海域鱼卵、仔稚鱼种类组成与数量分布 [J]. 中国水产科学，17（4）：815-827.

程济生，2004. 黄渤海近岸水域生态环境与生物群落 [M]. 青岛：中国海洋大学出版社：244-260.

冲山宗雄，2014. 日本产稚鱼图鉴 [M]. 2 版. 东京：东海大学出版社.

范江涛，张俊，冯雪，等，2015. 基于栖息地模型的南沙海域鸢乌贼渔情预报研究 [J]. 南方水产科学，11（5）：20-26.

李增光，叶振江，张弛，等，2012. 环境因子对黄海南部春季帆张网小黄鱼和黄鲅鳀渔获分布的影响［J］. 应用生态学报，23（10）：2887-2892.

刘赫威，余为，陈新军，等，2021. 基于不同水层海水温度的阿根廷滑柔鱼栖息地模型构建［J］. 大连海洋大学学报，36（6）：1035-1043.

苏程程，单秀娟，邵长伟，2021. 不同捕捞策略对海水青鳞不同发育阶段生长的影响［J］. 中国水产科学，28（12）：1576-1587.

万瑞景，姜言伟，1998a. 渤海硬骨鱼类鱼卵和仔稚鱼分布及其动态变化［J］. 中国水产科学，5（1）：44-51.

万瑞景，姜言伟，1998b. 黄海硬骨鱼类鱼卵、仔稚鱼及其生态调查研究［J］. 海洋水产研究，19（1）：60-73.

万瑞景，张仁斋，2016. 中国近海及其邻近海域鱼卵与仔稚鱼［M］. 上海：上海科学技术出版社.

于旭光，董婧，李轶平，等，2018. 辽东湾近海鱼卵、仔稚鱼种类组成和保护分析［J］. 大连海洋大学学报，33（3）：370-378.

于旭光，李轶平，燕金宜，等，2020. 黄海北部近岸海域鱼卵、仔稚鱼种类组成与数量分布［J］. 海洋渔业，42（6）：659-671.

张仁斋，陆穗芬，赵传絪，等，1985. 中国近海鱼卵与仔鱼［M］. 上海：上海科学技术出版社.

张雨轩，卞晓东，单秀娟，等，2022a. 烟威近岸海域鲐产卵场时空分布及其与环境因子的关系［J］. 中国水产科学，29（4）：618-632.

张雨轩，卞晓东，单秀娟，等，2022b. 烟威近岸海域鱼类早期资源群落结构及适宜产卵生境［J］. 渔业科学进展，43（6）：148-167.

赵永松，单秀娟，杨涛，等，2022. 庙岛群岛毗邻海域秋季底栖食物网潜在碳来源贡献及对碳汇渔业的思考［J］. 渔业科学进展，43（5）：132-141.

Brown S K, Buja K R, Jury S H, et al, 2000. Habitat suitability index models for eight fish and invertebrate species in Casco and Sheepscot Bays, Maine［J］. N Am JFish Manage，20（2）：408-435.

Fox J T, Magoulick D D, 2019. Predicting hydrologic disturbance of streams using species occurrence data［J］. Sci total environ，686：254-263.

Garrison L P, 2001. Spatialpatterns in species composition in the northeast United States continental shelf fish community during 1966—1999［C］//：Spatial processes and management of marine populations. Alaska：University of Alaska Sea Grant：513-559.

Hutchings J A, Reynolds J D, 2004. Marine fish population collapses：Consequences for recovery and extinction risk［J］. Bioscience，54（4）：297-309.

Pielou E C, 1966. Species-diversity and pattern-diversity in the study of ecological succession［J］. J Theor Biol，10（2）：370-383.

Pinkas L, 1971. Food habits of albacore, bluefin tuna and bonito in California waters［J］. Calif DeptFish Game, Fish Bull，152：1-105.

Shannon C E, 1948. A mathematical theory of communication［J］. Bell Syst Tech J，27（3）：379-423.

第三章 CHAPTER 3

长岛毗邻海域底层渔业生物多样性

生物多样性是人类赖以生存和发展的重要基础，是地球生命共同体的血脉和根基。人类进入工业时代以来，生产力水平不断提高，但同时也产生了许多的生态环境问题，导致全球生物多样性遭受不同程度的破坏（Metz et al，2001）。人类造成的全球气候和土地利用变化正日益威胁着从极地到热带、陆地和海洋的生物多样性（Diaz et al，2020）。其中，海洋生物物种数量可能超过在陆地环境中发现的所有物种（Heip et al，2003）。近岸岛屿毗邻海域作为最具代表性的海洋区域之一，承载着大量的初级生产力，是许多海洋生物生长、繁殖的栖息地和洄游通道，也是生物多样性的热点区域。然而，随着海洋自然资源的日益开发，例如海水养殖、捕捞、航运和能源开发等人类活动，给海洋生物带来了越来越大的压力（Jacob et al，2020）。这些压力造成了海洋生物群落受到不同程度的干扰，生物多样性遭到严峻的挑战。

长岛地处黄渤海的交汇处，由大小 32 个岛屿组成，生物资源丰富，是最具代表性的北方近岸群岛，也是研究与保护生物多样性的理想区域。该地区为许多生物提供了良好的栖息环境和洄游迁徙通道（隋士凤等，2000）。岛屿南部靠近山东半岛，是重要的航运通道，且岛屿周边存在大量的贝类养殖区域，海域受人为活动影响较大，具有明显的海-陆相互作用（Chi et al，2017）。过去，由于人类活动和气候变化的影响，长岛海域的生物多样性受到了一定影响，但有关该海域底层渔业生物调查较少，随着国家级湿地自然保护区长岛保护区的建立，亟须对该海域开展系统的生物多样性研究，以促进海洋生物多样性的恢复和保护。

为系统掌握长岛毗邻海域底层渔业生物群落多样性分布特征，笔者团队于 2020 年 9、11、12 月和 2021 年 3～12 月（逐月）对该海域展开了单船阿氏网调查，通过丰富度指数（D）、均匀度指数（J）、生物多样性指数（H'）、冗余分析（Redundancy analysis，RDA）和 ABC 曲线（Abundance-biomass comparison curves）对该海域底层渔业生物多样性及其影响因素进行了分析，以期为其生物多样性保护提供科学基础，同时为探究典型岛屿生物多样性形成的内在、环境与人为因素提供基础资料和数据支持。

第一节　数据来源与处理方法

一、　样品采集与处理

调查海域为 120.5°～120.8°E、37.8°～38.0°N，其中 2020 年 9、11、12 月和 2021 年 3、8 月开展了 30 个站位的航次调查（图 3-1），其余月份进行了 10 个站位的航次调查（图 3-1 中紫色三角形站位）。

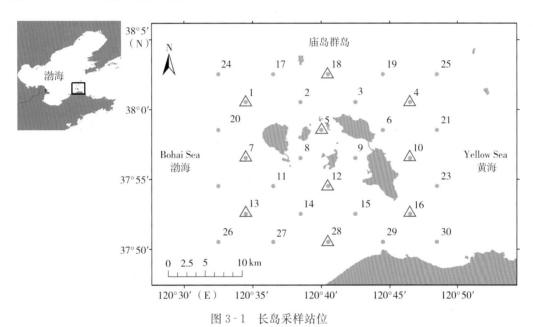

图 3-1　长岛采样站位

采样站位平均水深 10 几米，最浅处仅为 4 m，岛屿周边存在许多养殖筏架，海底情况较为复杂，具有大量的石头与碎贝壳。受底质环境、养殖筏架等客观因素限制，在该海域无法进行常规底拖网调查。因此，本研究选取阿氏网（网架高 0.4 m、长 2.4 m；网长 9 m、网口高 2.5 m、网目共 380 扣，最大网目直径 2.54 cm、最小网目直径 0.9 cm）进行底层渔业生物采样。该网具通常情况下无法捕获全部水层的海洋生物，但考虑到长岛周边水域水深浅的特点，且本研究中选取的阿氏网网架较大、网衣较长，结合实际野外调查和观测结果，该阿氏网在浅水海域捕获的生物种类基本可以涵盖底层渔业生物，起网过程中也会捕获一些中上层鱼类。调查船只为"鲁昌渔 65678"和"鲁昌渔 64756"，功率为 110 kW，每站拖网时间为 10 min，拖速为 2.5 kn。环境信息由海洋水文仪器 CTD（美国 SeaBird 公司）获取，主要获取的环境数据包括水深、表层盐度、底层盐度、表层温度和底层温度。样品在船上采集完成后冷冻保存，带回实验室进行种类鉴定与生物学测量。样品的处理、保存、计数、鉴定等均按《海洋调查规范》（GB/T 12763.6—2007）进行。生物均鉴定至种，统计数量和湿重。分类依照《中国海洋生物名录》（刘瑞玉等，2008）、《渤海山东海域海洋保护区生物多样性图集》（王茂剑等，2017）等。

二、 数据分析

（一）数据标准化

根据各站实际拖网时间，进行标准化处理，换算为单位时间生物量（每 10 min 的克数）和尾数（每 10 min 的尾数）。

（二）优势度

利用 Pinkas 相对重要性指数（Index of Relative Importance，IRI）确定种类在群落中的重要性（Pinkas et al，1971），其计算公式为：

$$IRI = (W\% + N\%) \times F\% \times 10^4$$

式中，$W\%$ 为某种生物的生物量占当月总生物量的百分比，$N\%$ 为某种生物的数量占当月总数量的百分比，$F\%$ 为某种生物的出现频率。将 $IRI \geqslant 1\,000$ 的种类定义为优势种，$100 \leqslant IRI < 1\,000$ 为重要种（单秀娟等，2011）。

（三）群落多样性

采用 Margalrf 种类丰富度指数（D）、Shannon-Wiener 多样性指数（H'）和 Pielou 均匀度指数（J'）分析鱼类群落结构多样性（Margalef，1958；Wilhm，1968；Pielou，1975），其计算公式为如下：

Margalef 种类丰富度指数：

$$D = \frac{S-1}{\ln N}$$

Shannon-Wiener 多样性指数：

$$H' = -\sum_{i=1}^{S} \frac{N_i}{N} \ln \frac{N_i}{N}$$

Pielou 均匀度指数：

$$J' = \frac{H'}{\ln S}$$

式中，S 为当月物种数量；N_i 为当月物种 i 的数量；N 为当月所有物种的总数量。

（四）CPUE（Catch Per Unit of Effort）时空分布

将各月标准化后的单位努力渔获量，即 CPUE，与采样站位对应制作数据矩阵，将数据矩阵导入 ArcGIS for desktop 10.2 软件，制作 2021 年各月各站位不同物种类群 CPUE 分布比例图，以表示各月内各类群的站位分布格局；运用反距离权重法对各月各站位总 CPUE 进行空间插值，以表示总渔获群落的时空分布格局。

运用 Garrison（2001）分布重心法计算鱼类、软体动物、节肢动物、棘皮动物、腕足动物等 5 个类群各月的 CPUE 重心，并根据重心点坐标及其逐月直线移动轨迹，运用 ArcGIS 软件制作各类群的 CPUE 重心分布图，以表示各类群的 CPUE 重心在调查海域内的时空变动格局。CPUE 重心坐标的计算公式如下：

$$X = \frac{\sum_{i=1}^{n}(X_i \times \text{CPUE}_i)}{\sum_{i=1}^{n} \text{CPUE}_i}$$

$$Y = \frac{\sum\limits_{i=1}^{n}(Y_i \times CPUE_i)}{\sum\limits_{i=1}^{n} CPUE_i}$$

式中，X 为产卵重心的经度；Y 为产卵重心的纬度；X_i 为 i 站位的经度；Y_i 为 i 站位的纬度；$CPUE_i$ 为 i 站位的单位捕捞努力量渔获量，单位是每 10 min 的克数。

（五）丰度/生物量比较曲线（ABC 曲线）

ABC 曲线用于表征底层渔业生物群落受扰动情况，若生物量曲线在丰度曲线之上，W 为正值，代表群落未受扰动，该海域由少量大个体、长生活史物种主导；若生物量曲线与丰度曲线接近或出现部分相交，W 接近 0，代表生物群落受到中度干扰，该海域由短生活史、高生长率的物种主导；若生物量曲线在丰度曲线之下，W 为负值，代表生物群落遭受严重扰动，处于不稳定状态，趋向于由小个体、机会种主导（Hu et al，2019）。W 统计量（W-statistic）作为 ABC 曲线方法的一个统计量（Clarke et al，2001），其计算公式为：

$$W = \sum_{i=1}^{S} \frac{(Bi - Ai)}{50(S-1)}$$

式中，Bi 和 Ai 为 ABC 曲线中种类序号对应的生物量和数量的累积百分比，S 为出现物种数。当生物量优势曲线在数量优势度曲线之上时，W 为正，反之为负。

（六）冗余分析（RDA）

选取主要生物类群的标准化丰度和 CTD 获得的环境数据（深度，表、底温度，表、底盐度）进行 RDA 分析。在进行分析前，对物种进行去趋势对应分析（Detrended correspondence analysis，DCA），若分析结果 4 个轴中梯度最大值小于 3，则选择 RDA 分析；若大于 4，则选择典范对应分析（Canonical correspondence analysis，CCA）；若处于 3～4，则两种分析方法均可。

统计分析和数据可视化使用 R 4.1.2、PRIMER6、Cannoco5、Origin 2021 进行。

第二节　种类组成及优势种

一、种类组成

（一）鱼类

2021 年调查海域主要鱼类 38 种，隶属于 9 目、24 科、32 属。从适温性看，有暖水性 15 种，占 39.5%；暖温性 16 种，占 42.1%；冷温性 7 种，占 18.4%。按栖息水层分，主要生活在底层和近底层的有 32 种，占 84.2%；在中上层的有 6 种，占 15.8%。从鱼类经济价值来看，经济价值较高的有 11 种，占 28.95%；经济价值一般的有 14 种，占 36.9%；经济价值较低的有 12 种，占 31.6%（表 3-1）。从季节性分布看，春季捕获鱼类 27 种，占 71.1%；夏季捕获 24 种，占 63.16%；秋季捕获 22 种，占 57.90%；冬季捕获 11 种，占 28.95%（表 3-1）。其中，长丝虾虎鱼、矛尾虾虎鱼、六丝矛尾虾虎鱼、钟馗虾虎鱼、许氏平鲉和焦氏舌鳎在 4 个季节中均出现。

表 3-1　2021 年长岛毗邻海域主要底层鱼类种类

种类	经济价值			栖息水层		适温性			出现季节			
	较高	一般	较低	底层	中上层	暖温种	暖水种	冷温种	春	夏	秋	冬
孔鳐	+			+		+			+	+		
赤鼻棱鳀		+			+	+				+	+	+
长蛇鲻	+			+		+				+		
鳓	+				+	+				+		
尖海龙			+		+	+				+		
梭鱼	+			+		+			+			
方氏云鳚			+		+			+			+	+
绯䲲			+	+		+					+	
细条天竺鲷			+	+		+					+	
多鳞鱚		+		+		+				+	+	
少鳞鱚		+		+		+				+	+	
蓝圆鲹		+			+		+				+	
叫姑鱼		+		+		+				+	+	
白姑鱼	+			+		+				+	+	
云鳚			+	+				+				
长绵鳚		+		+				+		+		
玉筋鱼		+			+			+				+
长丝虾虎鱼			+	+		+			+	+	+	+
矛尾虾虎鱼		+		+		+			+	+	+	+
六丝矛尾虾虎鱼		+		+		+				+	+	+
矛尾复虾虎鱼		+		+		+					+	
纹缟虾虎鱼				+		+						
中华栉孔虾虎鱼			+	+		+						
裸项栉虾虎鱼			+	+		+						
钟馗虾虎鱼			+	+		+						
许氏平鲉	+			+		+			+	+	+	+
厚头平鲉		+		+				+	+			
朝鲜平鲉		+		+		+					+	
大泷六线鱼	+			+							+	
鲬	+			+			+		+	+	+	
细纹狮子鱼			+	+								
褐牙鲆	+			+		+			+	+		

种类	经济价值			栖息水层		适温性			出现季节			
	较高	一般	较低	底层	中上层	暖温种	暖水种	冷温种	春	夏	秋	冬
黄盖鲽	+			+				+	+	+		
石鲽	+			+				+	+			
半滑舌鳎		+		+		+					+	
焦氏舌鳎		+		+		+			+	+	+	+
绿鳍马面鲀		+		+			+				+	
星点东方鲀		+		+		+					+	

（二）无脊椎动物

共捕获无脊椎动物 50 种，其中甲壳类 24 种（48%），软体动物 18 种（36%），棘皮动物 7 种（14%），腕足动物为酸浆贝 1 种（2%）。经济价值较高的有 21 种（40%），经济价值较低的有 21 种（40%），无经济价值的为 8 种（15%）。其中，葛氏长臂虾、日本鼓虾、鲜明鼓虾、日本蟳、口虾蛄、扁玉螺、脉红螺、长牡蛎、红带织纹螺、紫贻贝、短蛸、长蛸、日本枪乌贼、海燕、虾夷砂海星、哈氏刻肋海胆、酸浆贝在 2021 年 4 个季节中均被捕获（表 3-2）。

表 3-2 长岛毗邻海域主要无脊椎动物种类组成

序号	物种	经济价值			出现季节			
		较高	较低	无	春	夏	秋	冬
		甲壳动物						
1	中华安乐虾		+		+			
2	中国对虾	+				+	+	
3	鹰爪虾	+				+	+	+
4	戴氏赤虾	+				+		
5	葛氏长臂虾	+			+	+	+	+
6	脊腹褐虾		+		+	+		
7	日本鼓虾		+		+	+	+	+
8	鲜明鼓虾		+		+	+	+	+
9	鞭腕虾		+		+			
10	蝼蛄虾		+		+			
11	细螯虾		+		+			
12	艾氏活额寄居蟹		+				+	
13	三疣梭子蟹	+				+	+	
14	双斑蟳		+		+	+	+	

（续）

序号	物种	经济价值			出现季节			
		较高	较低	无	春	夏	秋	冬
15	日本蟳	+			+	+	+	+
16	日本关公蟹		+			+	+	
17	泥脚隆背蟹		+		+	+	+	
18	隆背黄道蟹		+		+	+		+
19	四齿矶蟹		+		+	+		
20	隆线强蟹		+		+	+	+	
21	瓷蟹		+		+			
22	豆形拳蟹		+				+	
23	栗壳蟹		+			+		
24	口虾蛄	+			+	+	+	+
	软体动物							
25	扁玉螺	+			+	+	+	+
26	香螺	+				+		
27	爪哇拟塔螺		+			+		
28	纵肋织纹螺		+			+		
29	脉红螺	+			+	+	+	+
30	红带织纹螺	+			+	+	+	+
31	经氏壳蛞蝓		+		+			
32	长牡蛎	+			+	+	+	+
33	魁蚶	+			+	+	+	+
34	紫贻贝	+			+	+	+	+
35	栉江珧	+			+	+	+	
36	栉孔扇贝	+				+	+	+
37	虾夷扇贝	+			+	+	+	
38	双喙耳乌贼		+			+	+	
39	金乌贼	+					+	
40	短蛸	+			+			
41	长蛸	+			+	+	+	+
42	日本枪乌贼	+			+	+	+	+
	棘皮动物							
43	海燕			+	+	+	+	
44	虾夷砂海星			+	+	+	+	+
45	多棘海盘车			+	+	+		
46	心形海胆			+	+	+	+	

序号	物种	经济价值			出现季节			
		较高	较低	无	春	夏	秋	冬
47	哈氏刻肋海胆			+	+	+	+	+
48	金氏真蛇尾			+	+	+		+
49	马氏刺蛇尾			+	+	+		
	腕足动物							
50	酸浆贝			+	+	+	+	+

（三）主要类群

2021 年鱼类全年生物量占比超过 1% 的有 16 种。其中，矛尾虾虎鱼在调查月份中出现次数最多，在 7 个月份中出现；其次为白姑鱼出现 6 次，六丝矛尾虾虎鱼、许氏平鲉和鲔出现 4 次。在 9 月，鱼类主要种类数最多（8 种），其次是 6 和 10 月（6 种），最少的为 4 月，没有出现生物量占比超过 1% 的鱼类。在所有鱼类中，5 月份中出现的褐牙鲆占比为 47.52%，是所有鱼类中占比最大的鱼类，其次为矛尾虾虎鱼，在 8、11、12 月占比超过 10%（表 3-3）。

表 3-3　长岛毗邻海域鱼类主要种类

种类	3月	4月	5月	6月	7月	8月	9月	10月	11月	12月
矛尾虾虎鱼	2.96				2.31	10.51	5.76	7.00	13.05	21.69
白姑鱼			1.06	2.99	3.82	7.45	6.14	1.57		
六丝矛尾虾虎鱼	2.49						1.55		5.76	5.68
许氏平鲉				3.27			3.19	4.51		1.44
鲔			1.08		1.82		2.83	5.89		
焦氏舌鳎				1.27				1.88	3.25	
孔鳐				2.81						
长绵鳚			1.21	1.10						
黄盖鲽				1.60						
褐牙鲆			47.52							
长蛇鲻					2.16					
细条天竺鲷					1.48					
大泷六线鱼							3.74			
朝鲜平鲉							1.27			
钟馗虾虎鱼							1.15			
绿鳍马面鲀								1.58		

主要种类：指所占比例在 1% 以上的种类。

无脊椎动物中，脉红螺和哈氏刻肋海胆在所有月份中均为主要种类，口虾蛄、海燕在 8 个月份中为主要种类，日本鼓虾、扁玉螺、长蛸、虾夷砂海星在 7 个月份中为主要种类。7 月主要物种最多，有 14 种；其次为 4、10 和 12 月，有 12 种（表 3-4）。

表 3-4 长岛毗邻海域无脊椎动物主要种类

种类	种类	3月	4月	5月	6月	7月	8月	9月	10月	11月	12月
甲壳动物	葛氏长臂虾					2.67					3.01
	鹰爪虾							2.44	2.68		
	口虾姑	1.56	4.66	7.56	5.41	13.31	7.55		8.17	5.54	
	日本鼓虾	29.86	3.82	2.00	1.02	2.18				24.67	10.62
	鲜明鼓虾									1.59	
	蝼蛄虾		1.11								
	日本蟳					2.31	3.92	8.16	4.91	1.33	4.42
	双斑蟳				3.86	1.13					
	泥脚隆背蟹						1.31			2.06	
	三疣梭子蟹				1.83			3.84			
	艾氏活额寄居蟹				33.30						
软体动物	长蛸	2.08	3.83		1.45	1.61		2.53	4.53		12.62
	短蛸							9.46	8.51		2.50
	日本枪乌贼					1.86					
	金乌贼								1.38		
	扁玉螺	3.67	3.27	2.25	4.66	1.76				12.64	1.81
	脉红螺	3.26	21.17	11.58	9.89	12.09	3.37	13.54	19.86	8.58	5.23
	长牡蛎	30.52	6.47		1.08			1.12	5.23		5.45
	紫贻贝										4.96
	栉江珧	5.01						7.86			
	经氏壳蛞蝓			1.76							
	魁蚶	1.37		2.59							6.10
棘皮动物	哈氏刻肋海胆	3.58	16.74	1.61	19.57	4.23	3.28	4.66	5.12	3.80	4.42
	心形海胆						1.37			9.15	
	海燕	4.87	2.95	1.34	23.76	1.50	3.74		4.82		6.21
	多棘海盘车			1.02				4.10			
	马氏刺蛇尾			27.63							
	金氏真蛇尾			2.42			1.19				
	虾夷砂海星	1.93		2.71	3.85	1.00		8.43	2.61	3.03	
腕足动物	酸浆贝		1.96	6.46	5.44	1.65	46.12	5.50			

主要种类：指所占比例在 1% 以上的种类。

2020~2021 年，共捕获底层渔业生物 115 种，以底栖生物居多，其中鱼类 49 种、软体动物 29 种、甲壳动物 28 种、棘皮动物 8 种、腕足动物 1 种（包括 30 站位航次）。鱼类主要为白姑鱼、虾虎鱼类。其中白姑鱼分布呈现明显季节变化，气温较低的调查月份（2020 年 11、12 月，2021 年 3、4 月）均未出现白姑鱼。软体动物主要为短蛸、日本枪乌贼、扁玉螺、脉红螺等。甲壳动物主要为口虾蛄、日本鼓虾等。棘皮动物主要有哈氏刻肋海胆、海燕、马氏刺蛇尾等。腕足动物为酸浆贝。综合考虑底层渔业生物的重要性和生态类型，将该生物群落主要分为以下几个类群：白姑鱼、虾虎鱼类、其他鱼类、口虾蛄、日本鼓虾、其他甲壳类、软体动物、棘皮动物和腕足动物（酸浆贝）（图 3-2 和图 3-3）。

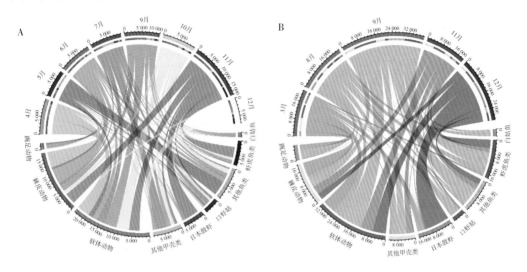

图 3-2　长岛毗邻海域主要生物类群生物量的季节变化
连线代表某种生物类群在该月份所占的生物量或丰度。线的颜色与月份颜色一致。A 为 10 站位，B 为 30 站位

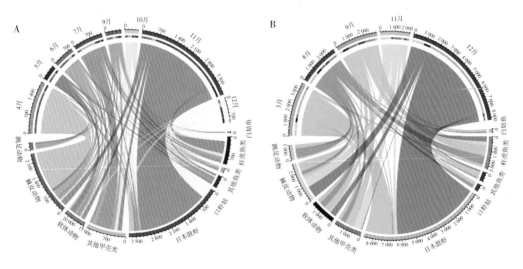

图 3-3　长岛毗邻海域主要生物类群丰度的季节变化
连线代表某种生物类群在该月份所占的生物量或丰度。线的颜色与月份颜色一致。A 为 10 站位，B 为 30 站位

二、优势种

2020～2021 年，调查海域底层渔业生物优势种（$IRI \geqslant 1\,000$）共有 14 种，分别为矛尾虾虎鱼、白姑鱼、葛氏长臂虾、鹰爪虾、口虾蛄、日本鼓虾、双斑蟳、艾氏活额寄居蟹、短蛸、扁玉螺、脉红螺、哈氏刻肋海胆、海燕、马氏刺蛇尾（表 3-5）。

表3-5　长岛毗邻海域主要渔业生物种类的相对重要指数（IRI）

物种	2020			2021									
	9月	11月	12月	3月	4月	5月	6月	7月	8月	9月	10月	11月	12月
鱼类													
白姑鱼	549	0.22	—	—	—	29	117	171	1 044	976	101	—	—
矛尾虾虎鱼	2 617	889	842	258	—	13	—	627	2 330	1 077	2 292	2 058	2 161
六丝矛尾虾虎鱼	244	482	263	252	1.56	4.37	25	13	395	765	39	737	385
大泷六线鱼	37	13	9	—	—	60	55	9	12	241	8.74	6.38	—
细条天竺鲷	0.12	—	—	—	—	—	30	240	20	1.71	—	—	—
鲬	729	4	—	—	—	12	10	57	116	4.14	191	—	37
许氏平鲉	35	18	0.7	0.32	0.5	6	107	2.77	—	215	184	—	—
焦氏舌鳎	93	35	79	—	—	—	53	12	9	—	159	190	6.56
褐牙鲆	—	—	2.5	—	—	476	—	0.69	—	—	—	—	—
绯䲗	122	7	7	8	14	—	40	1.39	0.17	22	2.27	0.39	—
甲壳动物													
葛氏长臂虾	210	21	4	207	73	249	1 222	135	84	64	216	158	1 111
鹰爪虾	328	1 860	—	—	—	15	7	42	187	1 372	1 899	12	—
口虾蛄	438	429	38	72	296	1 243	1 161	2 090	1 806	244	1 623	471	63
日本鼓虾	134	832	9 675	6 569	1 037	611	476	630	237	137	356	6 238	4 269
鲜明鼓虾	18	20	29	128	15	15	6	13	12	17	16	178	19
双斑蟳	714	1 621	2.3	—	0.5	18	191	702	278	51	37	0.75	—
日本蟳	67	18	15	4	14	18	55	156	221	673	350	56	196
日本拟平家蟹	10	—	—	0.16	—	—	11	126	73	—	—	1.42	—
隆背黄道蟹	—	—	—	1.16	—	—	—	—	162	—	—	—	1.38

物种	IRI												
	2020			2021									
	9月	11月	12月	3月	4月	5月	6月	7月	8月	9月	10月	11月	12月
泥脚隆背蟹	0.19	—	0.17	3.12	1.8	9	1.6	77	61	19	54	137	—
三疣梭子蟹	172	11	101	15	158	—	—	18	56	9.62	389	—	495
艾氏活额寄居蟹	0.22	—	—	3.34	—	—	10	1 544	—	—	—	—	—
软体动物													
短蛸	1 722	508	56	—	4.2	—	—	0.73	85	982	733	37	70
长蛸	13	11	101	15	158	—	58	84	6.77	105	315	—	495
日本枪乌贼	4	0.12	—	—	—	1.8	—	186	41	21	1.99	1.8	1.95
扁玉螺	5	6	443	304	194	318	404	132	10	2.18	2.93	3 010	130
脉红螺	885	926	0.98	167	871	724	730	994	479	842	1 376	454	141
长牡蛎	1	5	—	—	70	11	13	10	—	12	124	—	157
紫贻贝	0.27	4	0.72	27	11	—	1.52	4	166	2.8	5.78	—	201
栉江珧	—	—	6	106	—	—	—	—	7.6	77	—	3.98	—
经氏壳蛞蝓	10	—	—	—	—	336	—	—	—	—	—	—	—
棘皮动物													
哈氏刻肋海胆	433	326	82	678	842	88	2 561	386	199	854	620	141	303
海燕	164	292	17	243	158	35	1 128	66	46	298	322	51	267
多棘海盘车	34	27	69	92	22	—	—	5	6.44	136	9.7	27	—
马氏刺蛇尾	—	257	115	328	3 118	5.84	39	—	26	—	—	—	—
金氏真蛇尾	—	—	—	—	—	148	—	—	—	—	—	—	21
虾夷砂海星	108	174	18	302	71	110	275	79	27	683	351	433	22
腕足动物													
酸浆贝	42	5	5	278	78	492	470	56	186	564	41	2.36	2.69

重要种（100≤IRI<1 000）共有24种，具体为六丝矛尾虾虎鱼、大泷六线鱼、细条天竺鲷、鲬、许氏平鲉、焦氏舌鳎、褐牙鲆、绯鲵、鲜明鼓虾、日本蟳、日本拟平家蟹（Heikeopsis japonicus）、隆背黄道蟹、三疣梭子蟹、长蛸、日本枪乌贼、长牡蛎、紫贻贝、栉江珧、经氏壳蛄蝓、多棘海盘车、金氏真蛇尾、虾夷砂海星、酸浆贝（表3-5）。

本研究采样水深范围为3～35 m，水深较浅，海底多礁石，水流速较快（黄风洪等，2015），本地种以小型底层鱼类和底层无脊椎动物为主。由于调查水域处于黄渤海交汇处，是许多鱼类进出渤海与黄海的洄游通道，这里又存在许多的洄游种。如白姑鱼在每年的3～4月陆续进入山东半岛的北部沿海，途经庙岛群岛至渤海各海湾产卵，9～11月在渤海中部索饵，形成越冬群体，11月经过庙岛群岛后绕过成山头向越冬场洄游，12月至次年1月到达越冬场（徐兆礼等，2010）。白姑鱼在该区域直至4、5月开始陆续出现，至夏末秋初（8～10月）达到生物量的顶峰，11月开始消失。

此外，酸浆贝在部分月份在长岛南部海域呈现出较高的生物量与丰度。酸浆贝是一种原始且古老的腕足动物（柳淑芳等，2018），在进化上是从原口动物过渡到后口动物的一个中间类型（倪景辉，1994），主要分布在我国山东半岛北岸、南岸和辽东半岛南岸。其主要生活在近岸浅海，营固着生活，通常栖息在岩性海岸和有岩石露头的海底，或附着在软体动物贝壳上（王洪法等，2011）。长岛南部海域是连接长岛县和山东半岛的主要航运通道，该区域底质具有较多的岩石、岛礁碎石和死亡贝壳，这些石头和贝壳为酸浆贝提供了良好的固着基质，在环境适宜的月份，可能导致了酸浆贝的生物量迅速增加。

第三节　资源密度分布

一、主要生物类群分布

3～6月生物类群主要集中在调查海域东南部，7、8月集中分布于西南部，其余月份没有明显的高资源密度分布区（图3-4和图3-5）。此外，2020年冬季（11、12月）和2021年冬季（11、12月）均具有较高的生物资源密度。冬季日本鼓虾、软体动物和棘皮动物为主要生物类群，夏秋季鱼类种类明显增多。

在空间分布上，3～6月生物类群主要集中在岛群的东南区域，而到了7、8月则主要集中西南区域。这可能是因为在较寒冷的3、4月，黄海暖流带来的较温暖的海水为底层渔业生物群落提供了更适宜的生存环境，导致较多的生物群落聚集在庙岛群岛东南侧的北黄海海域。北黄海和渤海海峡比渤海内部温度高，存在暖舌，1月后黄海暖流途经渤海海峡持续向渤海流动（于华明等，2020）。到了5、6月份，许多洄游海洋生物陆续途经北黄海游至渤海海峡，可能造成岛群东南区域的高生物量。而到了7、8月份，许多洄游生物已经到达莱州湾海域，并且随着夏季莱州湾沿岸浮游动物的增多，较多的浮游生物吸引来了更多的消费者群落（韩青鹏等，2022；由丽萍等，2021）。此外，每年6～7月进行的黄河调水调沙可能造成大量的淡水和营养盐引入庙岛群岛西南侧海域，从而导致调查海域底层渔业生物生物量的改变（徐华等，2021）。

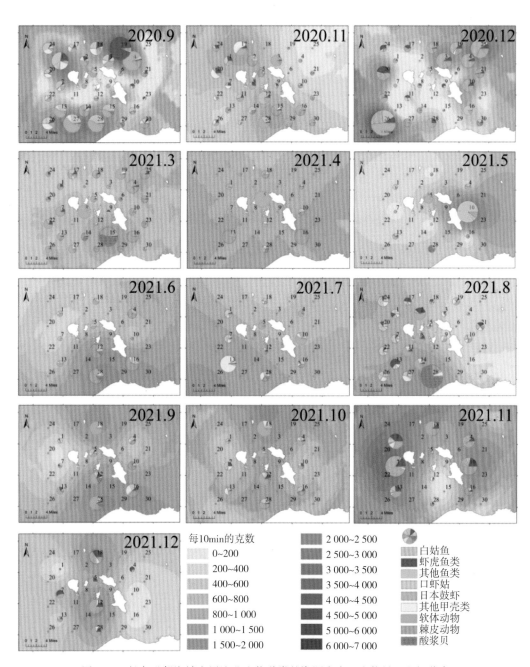

图 3-4　长岛毗邻海域底层渔业生物种类的资源密度（生物量）空间分布

扇形图的大小代表了生物量的高低，内部颜色代表了主要生物类群的组成；蓝色底图为生物量的普通克里金插值，颜色越深代表生物量越高

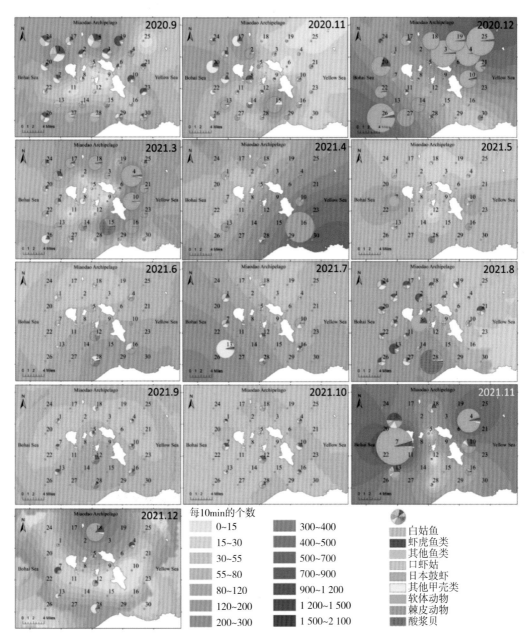

图 3-5　长岛毗邻海域底层渔业生物种类资源密度（丰度）空间分布

扇形图的大小代表了丰度的高低，内部颜色代表了组成的主要生物类群；蓝色底图为丰度的普通克里金插值，颜色越深代表丰度越高

二、 CPUE 时空分布格局

2021 年 3～12 月主要生物类别 CPUE 站位比例及总 CPUE 空间分布情况如图 3-6 所示。总 CPUE 空间分布层面，3 月，表现为中部和大黑山岛以西水域低、南部和东南部水域高；4 月，调查水域中北部、西南部和东南部为 3 处总 CPUE 高值区，其他水域

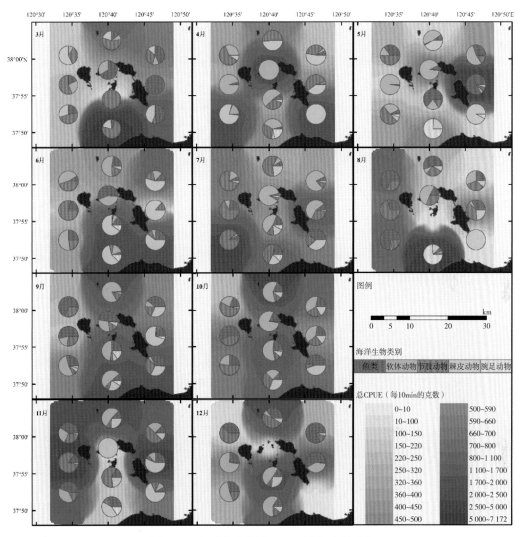

图 3-6 主要生物类别 CPUE 站位比例分布

较低；5 月，东部出现总 CPUE 高值区斑块，长岛南五岛内部水域和调查水域南部总
CPUE 为中等水平，其他水域较低；6 月，其中部、南部、东南部和东北部为总 CPUE
高值区；7 月，东部和西南部为总 CPUE 高值区，西部和南部总 CPUE 亦较高，其他
水域较低；8 月，南部和大黑山岛以西水域为总 CPUE 高值区，东部总 CPUE 亦较高，
其他水域较低；9～10 月，大黑山岛以东大面水域基本为总 CPUE 高值区，大黑山岛以
西水域总 CPUE 较低；11 月，除庙岛周边近岸水域及其南部远岸水域外，大面水域总
CPUE 均处极高水平；12 月，调查水域北部、东部以及长岛南五岛南部水域为总
CPUE 高值区，西部和东北部总 CPUE 水平适中，西北部和东南部水平较低。

　　CPUE 站位比例层面，3 月，鱼类 CPUE 在调查水域中部和东部站位所占比例较
大，节肢动物 CPUE 在北部、南部、西部和西南部站位所占比例较大，棘皮动物
CPUE 在西北部站位所占比例较大；4 月，节肢动物 CPUE 在西北部、北部和东部站位

所占比例较大，软体动物 CPUE 在中部、西部及庙岛南部近岸站位所占比例较大，棘皮动物 CPUE 在岛屿外围站位所占比例较大，腕足动物 CPUE 则集中分布在岛屿南侧，整个 4 月鱼类 CPUE 占比较小；5 月，其占比明显增多，集中分布在岛屿东南、西北侧，软体动物 CPUE 占比也较大，主要在岛屿西北部占比较大，腕足动物 CPUE 依旧在岛屿南部占比较大；6 月，棘皮动物 CPUE 占比增加，在岛屿东南部占比较大；7 月，节肢动物和软体动物 CPUE 占比较大，软体动物在岛屿中部和西部占比较大，节肢动物在岛屿外围海域占比较大；8 月，鱼类 CPUE 占比增大，其次是腕足动物，在岛屿南部占比较大，而棘皮动物则在岛屿东南部占比较大；到了秋季，9、10 月表现出软体动物和鱼类 CPUE 占比大的特征；11 月，棘皮动物 CPUE 占据了岛屿中部海域；12 月软体动物 CPUE 在岛屿西南部占比较大，而鱼类 CPUE 在岛屿东北部占比较大。

主要生物类别及总渔获群体 CPUE 重心月际分布情况如图 3-7 所示。3～12 月鱼类 CPUE 重心的迁移尺度最大，主要表现为 3～6 月分布于庙岛以东海域，7～8 月明显西移，9 月回归至庙岛附近的调查水域中部，而后在庙岛北部、小黑山岛南部与北长山岛西部海域间由中部至中北部东西波动迁移。

软体动物 CPUE 重心 3～11 月集中分布于长岛南五岛内部水域，其中 3～6 月大体在庙岛以北的小黑山岛-长岛中间海域内由北向南迁移，7～11 月自南向北迁移，12 月移至庙岛南部远岸海域。

节肢动物 CPUE 重心 3 月位于庙岛南部远岸海域，4、12 月位于调查水域北部，5、

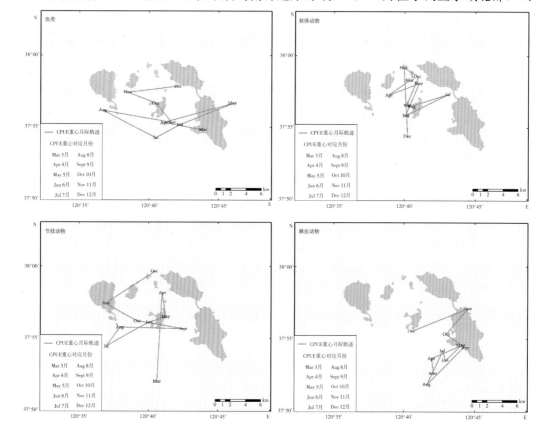

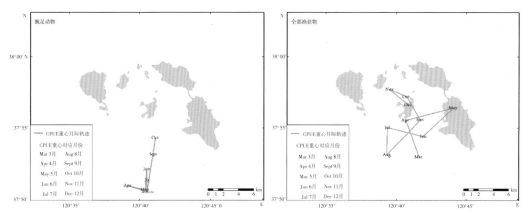

图 3-7 2021 年长岛毗邻海域主要生物类群及总渔获群体 CPUE 重心月际分布

6 月位于庙岛近岸附近的调查水域中部，7、8、10 月位于大黑山岛南部的调查水域西部，9 月位于南长山岛西部的调查水域东部，11 月位于大黑山岛南部的调查水域西北部。

棘皮动物 CPUE 重心 3～12 月基本分布于庙岛以东、北长山岛以南的调查水域东南部，其中 3～10 月均位于南长山岛西南部水域，11 月北移至南长山岛东北部沿岸，12 月西移至庙岛南部近岸水域。

腕足动物（酸浆贝）CPUE 重心 3～12 月呈现小区域稳定性，集中分布于庙岛南部水域，其中 4～7 月和 11、12 月趋于远岸分布，9、10 月相对离岸较近。

3～9 月期间，总渔获群体 CPUE 重心除 5 月外基本分布于庙岛南部水域，5 月位于调查水域东部的南长山岛，10～12 月北移至长岛南五岛内部水域。

第四节　多样性特征

生物多样性指数在夏秋季较高（表 3-6）。种类数（S）的变化范围为 34～61，其中 2021 年 12 月最低，2020 年 9 月最高；个数变化范围为 619～8 553，其中 2021 年 10 月最低，2020 年 12 月最高；丰富度（D）变化范围为 4.29～7.53，其中 2020 年 12 月最高，2021 年 10 月最低；均匀度指数（J'）变化范围为 0.27～0.78，2020 年 12 月最低，2021 年 9 月最高；生物多样性指数（H'）变化范围为 1.05～3.00，其中 2020 年 12 月最低，2020 年 9 月最高。

表 3-6　长岛毗邻海域底层渔业生物多样性指数

年/月份	种类数 （S）	个数 （N）	丰富度指数 （D）	均匀度指数 （J'）	生物多样性指数 （H'）
2020/09	61	2 895	7.53	0.73	3.00
2020/11	56	3 234	6.81	0.64	2.57
2020/12	48	8 553	5.19	0.27	1.05
2021/03	53	4 066	6.26	0.48	1.91

年/月份	种类数 (S)	个数 (N)	丰富度指数 (D)	均匀度指数 (J')	生物多样性指数 (H')
2021/04	36	2 849	4.40	0.31	1.11
2021/05	41	754	6.04	0.65	2.40
2021/06	47	986	6.67	0.70	2.71
2021/07	46	1 724	6.04	0.58	2.23
2021/08	55	3 103	6.72	0.67	2.67
2021/09	43	643	6.50	0.78	2.94
2021/10	38	619	5.76	0.75	2.75
2021/11	37	4 414	4.29	0.41	1.48
2021/12	34	967	4.80	0.55	1.95
柱状图					

在时间分布上，夏秋季节呈现出较高的生物多样性，体现在较高的种类数、丰富度指数、均匀度指数和生物多样性指数上；而冬春季节呈现出较低的生物多样性，但生物量和丰度却较高。这主要可能是由于冬春季节温度较低，许多洄游性鱼类群落从长岛海域向北黄海越冬洄游（徐兆礼等，2010），鱼类的减少导致其饵料生物如甲壳类、贝类的被捕食压力减小，从而造成如日本鼓虾等单一物种的高生物量与高丰度情况的出现。随着温度的升高，春夏季节许多洄游性鱼类途经长岛毗邻海域回到渤海（徐兆礼等，2010），造成了该区域较高的生物多样性。

第五节　主要生物类群相关性

Spearman 非参数检验相关性结果见图 3-8 和图 3-9。白姑鱼和日本鼓虾在生物量和丰度上均表现为极显著的负相关（生物量，$r=-0.75$，$p<0.01$；丰度，$r=-0.73$，$p<0.01$）。在白姑鱼生物量和丰度较高的月份，如夏秋季，日本鼓虾的生物量和丰度较低；在白姑鱼消失的冬季，日本鼓虾生物量和丰度突然升高。此外，白姑鱼和其他鱼类（$r=0.57$）、虾虎鱼类和其他鱼类（$r=0.59$）、口虾蛄和白姑鱼（$r=0.6$）、口虾蛄和其他鱼类（$r=0.62$）、口虾蛄和其他甲壳类（$r=0.6$）、其他鱼类和其他甲壳类（$r=0.56$）、虾虎鱼类和软体动物（$r=0.61$）间在丰度上呈现显著的正相关（$p<0.05$）。其他甲壳类和白姑鱼（$r=0.66$）、其他甲壳类和口虾蛄（$r=0.6$）、虾虎鱼类和软体动物（$r=0.64$）、白姑鱼和酸浆贝（$r=0.57$）在生物量上呈现显著的正相关（$p<0.05$）。

通过对长岛主要生物类群间的相关性分析发现，白姑鱼和日本鼓虾在生物量和丰度上都呈极显著的负相关（$p<0.01$）。在白姑鱼高生物量和高丰度月份，日本鼓虾生物量与丰度均维持在较低水平；而到了白姑鱼洄游离开庙岛群岛海域的 11 月，日本鼓虾呈现出暴发式增长。对白姑鱼的胃含物进行了分析，发现日本鼓虾是白姑鱼的主要饵料

生物。相关研究也表明，白姑鱼5～11月出现于渤海，主要摄食底栖虾类（以日本鼓虾、鲜明鼓虾为主），其次为鱼类（以虾虎鱼为主）（邓景耀等，1986；易晓英，2021；张波，2018）。长岛海域日本鼓虾生物量与丰度可能在一定程度上取决于其捕食者白姑鱼的数量。

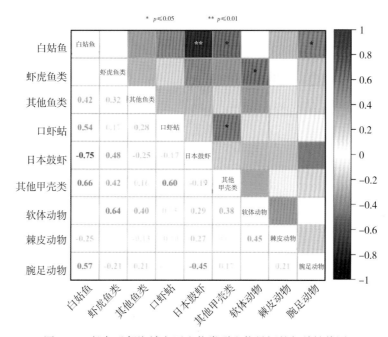

图 3-8　长岛毗邻海域主要生物类群生物量间的相关性热图

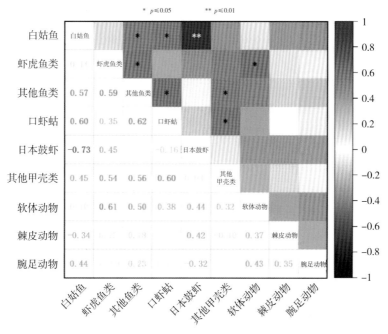

图 3-9　长岛毗邻海域主要生物类群丰度间的相关性热图

第六节　RDA 冗余分析

DCA 分析结果显示，4 个轴中梯度（Gradient length）分别为 3.16、2.32、2.84 和 2.16，最大值介于 3～4，后续采用 RDA 分析或 CCA 分析均可。本节采用了 RDA 对主要生物类群的标准化丰度与主要环境因子间的关系进行了分析，以识别显著环境因子及其对主要生物类群丰度的影响。RDA 前向选择最终模型中，第一排序轴特征值为 0.1，第二排序轴特征值为 0.045；两个排序轴共解释物种变异的 24.5%，群落组成变异的 83.1%；蒙特卡洛置换检验结果显示，第一排序轴 $P = 0.002$，所有排序轴 $P = 0.002$，均呈现显著差异（$p < 0.05$）（图 3-10）。水深和温度是影响生物类群丰度的主要环境因子。其中，棘皮动物和酸浆贝与水深表现为正相关，软体动物和水深表现为负相关；口虾蛄、其他鱼类、其他甲壳类、白姑鱼、虾虎鱼类、软体动物和酸浆贝和温度表现为正相关，和盐度表现为负相关；日本鼓虾和温度表现为负相关；表层盐度和底层盐度、表层水温和底层水温在对主要生物类群丰度的影响上均没有明显的区别。

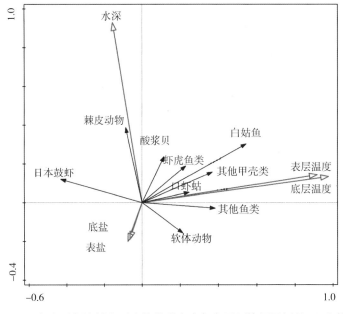

图 3-10　长岛毗邻海域主要生物类群丰度与主要环境因子间的 RDA 排序
红色箭头代表环境因子，蓝色箭头代表主要的生物类群丰度

RDA 冗余分析表明，水深和温度是影响调查海域底层渔业群落结构的主要环境因子，其水深分布如图 3-11 所示。岛群周边海域水深浅且变化较大，在 3～35 m 不等，30 m 以上的深水区主要集中在岛群北部和 29 站位附近，10 m 以下的浅水区主要集中在岛群内部 5、8、9、12 站位所在区域。浅水区的底层渔业群落生物量和丰度均较低（图 3-4 和图 3-5）。原因可能是岛群内部区域人类活动频繁，如航运、养殖、捕捞等活动，并且浅水受风浪扰动较大，底层环境易受干扰而不稳定。棘皮动物、酸浆贝与水深呈明显的正相关，海水越深，棘皮动物和酸浆贝的生物量和丰度就越大。这可能是因

为棘皮动物和酸浆贝主要是底栖或营固着生活的种类，深水区相比岛群内部的浅水区域海底环境更稳定，不易受到干扰（Bergen et al，2001）。其余大部分生物类群与水温呈明显的正相关。长岛海域属于暖温带季风区大陆性气候，兼具海洋性气候特征，一年四季分明，光照和降雨充足（隋士凤等，2000），温度变化范围较大，海水温度从冬季到夏季变化范围较大。由于该区域存在许多的洄游种类，季节和温度变化导致不同时期底层渔业生物群落结构具有较大的区别。而相比水深和温度，盐度对底层渔业生物群落结构的影响较小，主要是因为该区域地理面积较小，盐度的区域和季节变化不明显，而大部分种类与盐度表现出一定程度的负相关。

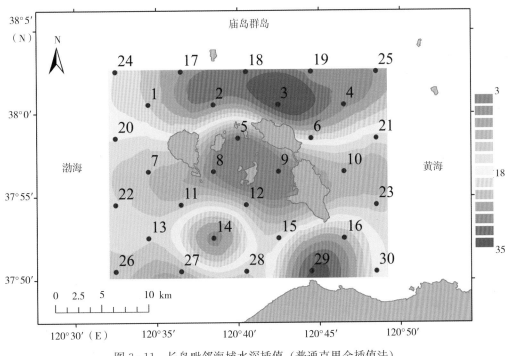

图 3-11　长岛毗邻海域水深插值（普通克里金插值法）

第七节　ABC 曲线

调查海域底层渔业生物 ABC 曲线 W 值的变化范围为 $-0.138 \sim 0.02$，2021 年 11 月的 W 值最低，2021 年 5 月的 W 值最高（图 3-12）。其中，2020 年 9 月、2020 年 5 和 6 月 W 值为正（分别为 0.009、0.02 和 0.015），且 W 值接近 0，丰度曲线和生物量优势度曲线接近重合并出现交叉，说明海域受到中等程度干扰。其余月份 W 值均小于 0，丰度曲线位于生物量优势度曲线之上，且 W 值在 $-0.138 \sim -0.077$，表明海域遭受强烈的扰动。总体来看，调查海域底层渔业生物群落受到较强干扰，仅在个别月份为中等程度干扰。

在稳定的渔业群落中，其生物量以较大个体为主，种类组成以较长生命周期的物种为主；随着干扰的加剧，渔业生物群落发生结构的转变，转为小个体、生长迅速的种类，出现小型化和低龄化的现象（Svedäng et al，2003；李圣法，2008）。庙岛群岛毗邻海域 ABC 曲线虽然各有不同，但大部分 W 值为负，仅有 3 个月的 W 值为正（接近于 0）。根据 Clarke 和 Warwick 的划分标准，庙岛群岛毗邻海域底层渔业群落处于相对比较严重的受干扰状态，但某些季节呈现有所好转的状态，这主要是与鱼类群落中各种类的补充、生长等内在因素及人为因素（如捕捞）有关。如 2021 年 5 月和 6 月的 W 值均为正，从 5 月开始实施伏季休渔措施后，庙岛群岛海域的受干扰程度有所降低。伏季休渔期有效保护了渔业种类的仔、稚鱼，并大大减少了其他兼捕物的捕捞，为渔业资源的恢复提供了有效的保障（胡芷君等，2020）。另外，每年 4~5 月，许多洄游种类开始陆续通过长岛海域向渤海洄游，这为该海域渔业生物种类增加提供了条件。长岛海域主要的渔业组成为养殖业和捕捞业，其中养殖业是主要产业。虽然养殖区在一定程度上限制了渔船捕捞作业，但养殖区本身对海洋生态系统就存在着扰动，比如占据海洋生物的生存空间、生态位、污染水体等。总的来说，受到养殖、捕捞、船运等人类活动的影响，长岛毗邻海域整体受到较强的干扰，底层渔业生物处于不稳定的状态。

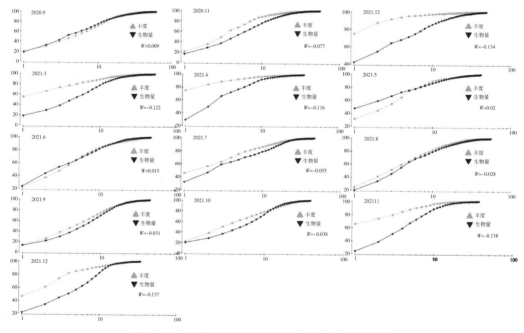

图 3-12　长岛毗邻海域底层渔业生物的 ABC 曲线

（赵永松、单秀娟、杨涛、金显仕、苏程程、韦超、李娜）

参考文献 >>>

程济生，郭学武，1998. 渤海底栖生物的种类、数量分布及其动态变化 [J]. 海洋水产研究，1：
　31-42.
单秀娟，金显仕，2011. 长江口近海春季鱼类群落结构的多样性研究 [J]. 海洋与湖沼，42
　（1）：32-40.

邓景耀，孟田湘，任胜民，1986. 渤海鱼类食物关系的初步研究 [J]. 生态学报，4：356-364.

韩青鹏，单秀娟，陈云龙，等，2022. 山东近海产卵场健康状况评价体系 [J]. 中国水产科学，29（1）：79-90.

胡桂坤，秦璐璐，李郁郁，等，2019. 基于 ABC 曲线的天津潮间带生物群落受扰动的分析 [J]. 天津科技大学学报，34（5）：57-62.

胡芷君，单秀娟，杨涛，等，2020. 渤海伏季休渔效果初步评价 [J]. 渔业科学进展，41（5）：13-21.

黄风洪，王媛媛，石洪华，等，2015. 冬季庙岛群岛南部海域浮游植物群落结构及其与环境因子的关系 [J]. 水道港口，36（3）：258-263.

李圣法，2008. 以数量生物量比较曲线评价东海鱼类群落的状况 [J]. 中国水产科学（1）：136-144.

刘瑞玉，2008. 中国海洋生物名录 [M]. 北京：科学出版社：903-1066.

刘旭东，汪进生，孙立娥，等，2021. 渤海山东近岸海域大型底栖动物的群落结构及多样性分析 [J]. 海洋环境科学，40（6）：929-936.

柳淑芳，刘永新，叶乃好，等，2018. DNA 条形码在渔业生物多样性保护中的应用 [J]. 中国水产科学，25（4）：902-914.

倪景辉，1994. 它们不属贝类的动物 [J]. 海洋世界，1：16.

隋士凤，蔡德万，2000. 长岛自然保护区鸟类资源现状及保护 [J]. 四川动物，4：247-248.

王洪法，李新正，王金宝，2011. 2000～2009 年胶州湾大型底栖动物的种类组成及变化 [J]. 海洋与湖沼，42（5）：738-752.

王茂剑，宋秀凯. 2017. 渤海山东海域海洋保护区生物多样性图集 [M]. 北京：海洋出版社：8.

徐华，王斌，张聪，2021. 黄河口近岸海域鱼卵、仔稚鱼种类组成及群落结构特征 [J]. 海洋科学，45（11）：105-117.

徐炜，马志远，井新，等，2016. 生物多样性与生态系统多功能性：进展与展望 [J]. 生物多样性，24（1）：55-71.

徐兆礼，陈佳杰，2010. 依据大规模捕捞统计资料分析东黄渤海白姑鱼种群划分和洄游路线 [J]. 生态学报，30（23）：6442-6450.

易晓英，2021. 北部湾斑鳍白姑鱼摄食生态研究 [D]. 湛江：广东海洋大学.

由丽萍，赵玉庭，孙珊，2021. 2018 年春季和夏季莱州湾营养盐结构及限制特征 [J]. 渔业科学进展，42（6）：15-24.

于华明，李冀，于海庆，2020. 黄海暖流区 SST 年际变化分析 [J]. 海洋预报，37（5）：34-41.

张波，2018. 渤海鱼类的食物关系 [J]. 渔业科学进展，39（3）：11-22.

Bergen M，Weisberg S，Smith R，et al，2001. Relationship between depth, sediment, latitude, and the structure of benthic infaunal assemblages on the mainland shelf of southern California [J]. Mar Biol，138：637-647.

Blanchard F，Leloc' H F，Hily C，et al，2004. Fishing effects on diversity, size and community structure of the benthic invertebrate and fish megafauna on the Bay of Biscay coast of France [J]. Ma Ecol Progr Ser，280：249-260.

Chi Y，Shi H H，Wang Y Y，et al，2017. Evaluation on island ecological vulnerability and its spatial heterogeneity [J]. Mar Pollut Bull，125，216-241.

Clarke K R, Warwick R M, 2001. Change in marine communities: an approach to statistical analysis and interpretation: 2nd ed. [M]. PRIMPER-E: Plymouth.

Margalef R, 1958. Information theory in ecology [J]. Gen System, 3: 36-71.

Pielou E C, 1975. Ecological Diversity [M]. New York: Wiley: 4-49.

Pinkas L, Oliphamt M S, Iverson I L K, 1971. Food habits of albacore, bluefin tuna, and bonito in California waters [J]. Calif Dep Fish Game Fish Bull, 152: 1-105.

Svedäng H, 2003. The inshore demersal fish community on the Swedish Skagerrak coast, regulation by recruitment from offshore sources [J]. ICES J Mar Sci, 60: 23-31.

Vergnon R, Blanchard F, 2006. Evaluation of trawling disturbance on macrobenthic invertebrate communities in the Bay of Biscay, France: Abundance Biomass Comparison (ABC method) [J]. Aqu Liv Res, 19: 219-228.

Wilhm J L, 1968. Use of biomass units in Shannon's formula [J]. Ecology, 49: 153-156.

长
岛
毗
邻
海
域
底
层
渔
业
资
源
与
栖
息
环
境

第四章 CHAPTER 4

长岛毗邻海域底层渔业生物关键种识别及其季节变化

生物多样性不仅是维持生态系统稳定的关键因素，更是人类赖以生存的条件和可持续发展的基础。优势种与关键种都在维持生物多样性和生态系统稳定方面发挥着重要作用（Paine，1966）。相比于在生物量和丰度上占据主导地位的优势种，关键种的判断往往不是那么直观，并且容易被忽视。关键种通常在食物网中直接或间接地影响和调控着群落结构，同时对维持生态系统的稳定发挥着重要甚至是决定性的作用（Mills and Doak，1993）。当把某些关键种从生态系统中移除时，生态系统中的其他物种可能都会受到直接或间接的影响，从而导致生物多样性和生态系统稳定性受到破坏（Paine，1969）。因此，关键种筛选是开展生物多样性保护基础研究、分析生态系统结构的有效方法之一（黄建辉等，1995）。

近10几年来，受人类活动和气候变化的影响，我国北方重要的渔业水域——渤海与北黄海的渔业资源结构发生了一定程度的变化，出现了鱼类小型化、低质化，传统大型经济鱼类种类减少等现象（单秀娟等，2014）。长岛毗邻海域作为渤海和北黄海的生态通道，在维持渤海与北黄海渔业资源结构和生物多样性上发挥着重要作用。因此，亟须对该海域渔业生物展开系统研究。

本章研究基于前几章的研究结果，着重对长岛毗邻水域底层渔业生物群落关键种展开研究，由于该水域底层渔业生物群落中包含多种小型底层无脊椎动物和小型鱼类，它们不仅优势度低，而且也无法通过传统的胃含物分析方法和公开发表的文献来获取食性数据，因此，本研究选取了 $IRI > 100$ 的重要种和优势种作为本次关键种识别的研究对象，去除了数量较少的小型冗余种的干扰。基于 2020～2021 年对长岛毗邻海域底层渔业生物调查的数据，以渔业生物间的摄食关系为基础构建该水域底层渔业生物食物网拓扑结构，运用网络分析法计算该结构的拓扑学指标，从而筛选关键种，以期为长岛毗邻水域的渔业资源研究与生物多样性保护提供基础资料和科学依据。

第一节　数据来源与处理方法

一、样品采集与处理

2020 年 9、11、12 月和 2021 年 3～12 月对庙岛群岛毗邻海域（120.5°E～120.8°E、37.8°N～38.0°N）逐月展开了调查，其中 2020 年 9、11、12 月和 2021 年 3、8 月分别开展了 30 个站位的航次调查，其余月份均进行了 10 个站位调查。采样站位、样品采集方法与上一章相同。

在分析渔业生物食性和食物网结构时，胃含物分析仍旧是各种新技术分析研究的重要前提。本研究中较大个体生物采用胃含物分析结合邻近海域参考文献的方法来确定摄食关系，如白姑鱼、虾虎鱼类、大泷六线鱼、褐牙鲆、许氏平鲉等。首先将样品解剖获取其肠胃，按照其胃含物体积与饱满程度分为 5 个摄食等级（0 级，空胃；1 级，食物占胃的体积不到一半；2 级，食物所占体积超过胃体积的一半；3 级，食物充满胃但不膨胀；4 级，胃部膨胀）（郑晓春等，2015）。在双筒解剖镜下根据胃含物中饵料形态鉴定其种类，尽可能鉴定到种（王荣夫等，2018）。其余小型无脊椎动物和小型鱼类受限于生物量和个体大小等因素，仅通过查阅邻近海域文献报道获取其摄食数据。

二、数据分析

本研究中用于构建食物网拓扑结构的食性数据主要来自实际的胃含物分析与相关已公开发表的文献（窦硕增等，1992；金海卫等，2012；朱江峰等，2016；许莉莉等，2018；张波等，2014；陈颖涵，2013；张波，2018；杨纪明，2001；李明德，1996；邓景耀，1986；邓景耀，1997；林群，2012；张波，2005；薛莹，2005）。将获得的数据整理成摄食矩阵，物种用编号表示，纵轴物种编号表示被捕食者，横轴物种编号表示捕食者，在矩阵中用数字 0 和 1 代表摄食关系，0 代表不摄食，1 代表摄食（程济生，1997）。食物网拓扑网络通过 Gephi 0.9.2 绘制，网络图采用 ForceAtlas 2 方式布局，节点的大小和颜色根据度的大小绘制，边的颜色由其连接的两个节点的颜色混合得到。

食物网拓扑结构中用节点（Nodes）来代表食物网中的某一物种，用带有方向的边（Edges）代表捕食者与被捕食者间的捕食关系。其中，节点数量（S）代表物种数量，边的数量（L）代表节点间的连接数量，即物种间捕食关系的数量（Marina，2018）。本研究中用到的食物网连接复杂性指数（SC）和拓扑结构指数主要有点度（Degree，D）、入度（In-degree，D_{in}）、出度（Out-degree，D_{out}）、节点密度（Density，D_d）、连接密度（L/S）、SC、种间关联度指数（Connectance，C）、特征路径长度（$Ch\,path$）、聚类系数（CI）、中介中心性（Betweenness centrality，BC）、紧密中心性（Closeness centrality，CC）、信息中心性（Information centrality，IC）、拓扑重要性指数（Topological importance index，TI）、关键性指数（Keystone indices，K）、上行关键性指数（Bottom-up keystone index，K_b）、下行关键性指数（Top-down keystone，K_t）、KPP 运算（Key player problem）、离散度（Fragmentation，F）和距离权重离散度（Distance-weighted fragmentation，$^D F$）。相关指数计算方法参考杨涛等（2016）、苏

程程等（2021）。

本研究使用统计分析软件 Excel 2016、Origin pro 2022 处理统计数据并进行数据可视化，用地理作图软件 ArcGIS（version 10.2，Esri Inc.，RedLands，CA，USA）绘制站位图，用网络绘图软件 Gephi 0.9.2 绘制拓扑结构网络图，用网络分析软件 Ucinet6（http：//www.analytictech.com/）计算 D、D_{out}、D_{in}、BC、CC 和 IC，用 CoSBiLaB Graph 1.0（http：//www.cosbi.eu/）计算 TI、K、K_b 和 K_t，用 Keypalyer 1.44（http：//analytictech.com/）计算 F 和 ^DF。

第二节　食物网拓扑结构

一、重要种和优势种

在 2020～2021 年调查期间，调查海域底层渔业生物群落共包含 115 个物种，其中大多数为小型底栖生物，生物量和丰度较低，且不易获取摄食关系，因此选择 $IRI>100$ 的物种，删除其他较小的底栖生物。$IRI>100$ 的重要种和优势种共有 37 种：鱼类 10 种，其中优势种为矛尾虾虎鱼和白姑鱼，其余种类为重要种；甲壳类动物 12 种，其中优势种为葛氏长臂虾、鹰爪虾、口虾蛄、日本鼓虾、双斑蟳和艾氏活额寄居蟹，其余物种为重要种；软体动物 9 种，短蛸、扁玉螺、脉红螺为优势种，其余物种为重要种；棘皮动物 6 种，哈氏刻肋海胆、海燕和马氏刺蛇尾为优势种，其余物种为重要种。具体种类详见表 4-1，具体 IRI 详见上章表 3-5。由于无法获取腕足动物酸浆贝的详细摄食关系，故未将该物种包含在内。

表 4-1　$IRI>100$ 的重要种和优势种的季节分布及用于拓扑结构分析的物种编号

物种		编号	春季	夏季	秋季	冬季
鱼类						
	白姑鱼	1		+	+	
	矛尾虾虎鱼	2	+	+	+	+
	六丝矛尾虾虎鱼	3	+	+	+	+
	大泷六线鱼	4			+	
	细条天竺鲷	5		+		
	鲔	6			+	
	许氏平鲉	7		+	+	
	焦氏舌鳎	8			+	
	褐牙鲆	9	+			
	绯鲻	10			+	
甲壳动物						
	葛氏长臂虾	11	+	+	+	+
	鹰爪虾	12		+	+	
	口虾蛄	13	+	+	+	

物种	编号	春季	夏季	秋季	冬季
日本鼓虾	14	+	+	+	+
鲜明鼓虾	15	+		+	
双斑蟳	16		+		
日本蟳	17		+	+	+
日本拟平家蟹	18		+		
隆背黄道蟹	19		+		
泥脚隆背蟹	20			+	
三疣梭子蟹	21			+	
艾氏活额寄居蟹	22		+		
软体动物					
短蛸	23			+	
长蛸	24			+	+
日本枪乌贼	25		+		
扁玉螺	26	+	+		+
脉红螺	27	+	+	+	+
长牡蛎	28			+	
紫贻贝	29		+		+
栉江珧	30	+			
经氏壳蛞蝓	31	+			
棘皮动物					
哈氏刻肋海胆	32	+	+	+	+
海燕	33	+	+	+	+
多棘海盘车	34			+	
马氏刺蛇尾	35				+
金氏真蛇尾	36	+			
虾夷砂海星	37	+	+	+	

二、拓扑结构

2020～2021年调查海域底层渔业生物群落食物网中包含物种（S）37 个（IRI＞100），摄食关系数量（物种间的捕食关系连接数量，L）为 223，D_d（S/L）为 0.17，L/S 为 6.03，SC 为 12.21，C 为 0.16，$Ch path$ 为 2.101，平均 CC 为 0.301（表 4-2），符合自然条件下的群落种间摄食关系。根据物种间的摄食关系绘制出了长岛毗邻海域底层渔业生物群落的食物网拓扑结构（图 4-1）。其中节点大小和节点颜色分别代表编号物种的连接数，即节点强度。其中连接数超过 20 的物种共有 4 种，占研究物种的 10.8%，从大至小依次为日本鼓虾、口虾蛄、矛尾虾虎鱼、白姑鱼。连接数最少的为长蛸、栉江珧、虾夷砂海星，仅为 2 条。

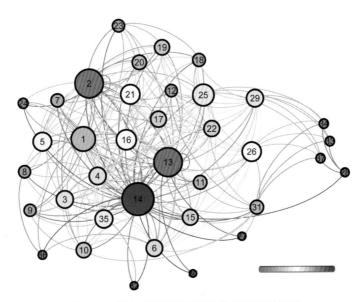

图 4-1 长岛毗邻海域底层生物群落拓扑结构

图中颜色由蓝到红代表物种的节点强度越来越大，即与该物种存在摄食关系的物种数量越来越多。物种编号详见表 3-1。食物网拓扑网络通过 Gephi 0.9.2 绘制，网络图采用 ForceAtlas 2 方式布局，节点的大小和颜色根据度的大小绘制，边的颜色由其连接的两个节点的颜色混合得到

表 4-2 长岛毗邻海域底层渔业生物群落食物网连接情况

S	L	D_d (S/L)	L/S	L/S^2	SC	Ch path	CC
37	223	0.17	6.03	0.16	12.21	2.101	0.301

注：L/S^2 为种间关联度。

捕食者中，口虾蛄摄食饵料种类最多，达 21 种，占总物种的 56.7%；其次为三疣梭子蟹、白姑鱼、大泷六线鱼和鲬，其摄食种类均在 15 个以上。被捕食者中，日本鼓虾被最多的物种所捕食，达到了 18 种，占研究物种的 48.6%；其次为日本枪乌贼、马氏刺蛇尾、扁玉螺和紫贻贝。三疣梭子蟹、许氏平鲉和褐牙鲆是庙岛群岛毗邻海域底层渔业生物群落中的顶级捕食者；日本鼓虾、日本枪乌贼、扁玉螺、马氏刺蛇尾等是食物网中主要的饵料种类。

三、 拓扑学指标

（一）中心性指数和重要性指数

根据统计的庙岛群岛毗邻海域食物网拓扑结构指标（表 4-3），可知日本鼓虾的 D、D_{out}、BC、CC、IC 最大，分别为 28、18、19.11、87.81、6.44。这说明在长岛毗邻海域底层渔业生物群落中与日本鼓虾存在摄食关系的种类最多，以其作为食物的捕食者数量最多；日本鼓虾对群落内信息交换的控制能力最强，在该群落的信息传递中更具有优势，能够将群落信息以最快的速度传递到其他物种，对群落中其他物种间的信息交流产生的影响最大。除日本鼓虾外，口虾蛄的多项指标也排名靠前，其 D_{in} 最大，表明其捕食的物种数量最多。除此以外，口虾蛄的 D、BC、CC、IC 排名第 2，表明口虾蛄也是群落中较为重要的中心性和重要性物种，其他中心性指数和重要性指数较高的物种为

表4-3　长岛毗邻海域底层渔业生物群落食物网网拓扑结构指标（加粗数字为物种编号，仅列出排名前20的物种）

D 种	D	D_in 种	D_in	D_out 种	D_out	BC 种	BC	CC 种	CC	IC 种	IC	ΔF 种	ΔF	Δ^DF 种	Δ^DF	K 种	K	K_t 种	K_t	K_b 种	K_b	TI^1 种 (n=1)	TI^1	TI^5 种 (n=5)	TI^5
14	28	13	21	14	18	14	19.11	14	87.81	14	6.44	14	0.17	14	0.07	21	8.68	31	5.23	21	8.68	35	2.82	31	1.05
13	27	21	18	25	17	13	8.16	13	78.26	13	6.15	13	0.12	13	0.07	13	8.44	35	5	13	7.92	31	2.81	35	1
2	25	1	16	35	15	25	6.41	1	75.00	1	6.02	25	0.12	25	0.05	1	5.69	29	4.15	9	5.04	29	2.67	29	0.83
1	21	4	15	26	14	1	5.83	2	73.47	2	5.94	1	0.04	2	0.05	31	5.23	26	3.59	7	4.97	14	2.3	26	0.72
21	18	6	15	29	14	26	5.44	25	69.23	25	5.75	2	0.04	1	0.03	9	5.04	14	3.02	4	4.48	26	2.18	14	0.6
25	17	9	14	2	13	2	3.77	26	67.93	26	5.66	3	0.04	16	0.03	14	5.03	25	2.82	1	4.42	25	2.13	25	0.56
3	15	2	12	5	12	29	3.63	21	66.67	21	5.55	5	0.04	3	0.03	35	5.00	5	2.26	6	3.86	5	1.36	5	0.45
4	15	7	11	15	11	31	2.56	16	65.46	16	5.46	8	0.04	5	0.03	7	4.97	10	1.98	14	2.01	1	1.22	10	0.4
6	15	14	10	10	10	21	2.22	4	64.29	35	5.44	10	0.04	21	0.03	4	4.48	15	1.49	2	1.96	15	1.11	15	0.3
15	15	16	7	31	10	35	2.09	29	64.29	5	5.43	12	0.04	15	0.02	29	4.15	1	1.27	24	1.35	10	0.98	1	0.25
35	15	20	7	3	9	4	1.81	6	63.16	29	5.35	15	0.04	17	0.02	6	3.86	11	1.05	20	1.05	11	0.72	11	0.21
9	14	34	7	11	9	6	1.63	5	62.07	4	5.34	16	0.04	19	0.02	26	3.59	3	0.88	34	0.99	3	0.7	3	0.18
26	14	3	6	13	6	16	1.47	35	62.07	6	5.23	17	0.04	10	0.02	25	2.82	2	0.8	16	0.89	2	0.61	2	0.16
29	14	18	6	16	6	5	1.37	15	61.02	3	5.07	18	0.04	22	0.02	2	2.76	36	0.74	33	0.8	22	0.48	36	0.15
16	13	19	6	17	6	22	0.77	17	61.02	27	5.07	19	0.04	20	0.02	5	2.26	28	0.71	19	0.77	13	0.42	28	0.14
5	12	33	6	1	5	17	0.75	22	61.02	15	4.98	20	0.04	23	0.02	10	2.15	27	0.65	8	0.71	28	0.41	27	0.13
10	12	8	5	12	5	3	0.71	10	60.00	17	4.98	21	0.04	18	0.02	15	1.85	17	0.58	3	0.7	16	0.4	17	0.12
11	12	17	5	22	5	27	0.71	19	60.00	22	4.97	22	0.04	12	0.02	3	1.57	22	0.55	18	0.67	17	0.4	22	0.11
7	11	12	4	8	4	20	0.70	20	60.00	19	4.82	23	0.04	8	0.02	16	1.41	16	0.52	17	0.44	36	0.37	12	0.1
17	11	15	4	19	4	11	0.57	3	59.02	20	4.82	24	0.04	24	0.02	24	1.41	12	0.51	32	0.43	12	0.32	13	0.1

白姑鱼和矛尾虾虎鱼，这几种物种对其他物种和群落结构的影响较大。马氏刺蛇尾、经氏壳蛞蝓、紫贻贝和日本鼓虾的 TI^1 和 TI^5 较大，表明它们作为较低营养级的物种，捕食它们的物种较多，其信息扩散能力较强。

（二）关键性指数

根据食物网拓扑结构分析发现，37 种主要物种中三疣梭子蟹的 K 和 K_b 最高，且 $K=K_b=8.68$，K 全部来自 K_b；排名第二的是口虾蛄（$K=8.44$，$K_b=7.92$），且 K 主要来自 K_b，表明三疣梭子蟹和口虾蛄受上行效应的影响更大，即受其饵料生物的影响较大。经氏壳蛞蝓和马氏刺蛇尾的 K_t 最大，分别为 5.23 和 5，表明其受下行效应的影响更大，即受其捕食者的影响较大。这些物种可能对群落中的能量流动和信息传递发挥着关键性作用。

（三）KPP 运算

选取 KPP-1 运算来验证调查海域底层渔业生物群落中的关键种。当 $K=1$ 时，即只筛选出一种物种，使该物种的消失对群落结构的 F 影响最大。依据群落离散变量（ΔF）和距离权重离散变量（$\Delta^D F$），筛选出来的种类为 13 和 14，即为口虾蛄和日本鼓虾。F 和 $^D F$ 分别为 0.17 和 0.07，表明当口虾蛄和日本鼓虾从该群落中消失时，群落结构会受到最大程度的影响。口虾蛄和日本鼓虾可能对长岛毗邻海域底层渔业生物群落的稳定性起着决定性的作用。

（四）拓扑学指数相关性分析

为了进一步探讨不同的食物网拓扑结构指标所表达的信息间的相关性，对其进行了 Spearman 相关性分析，分析结果如图 4-2 所示。大部分的拓扑结构指标相互之间都表现为极显著的正相关（$p \leqslant 0.01$），表明这些指标间传递信息具有一致性，即通过不同

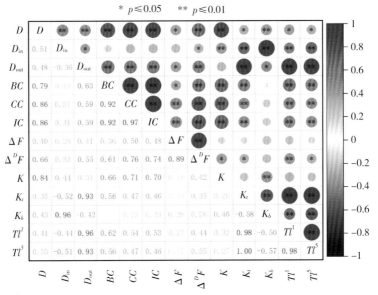

图 4-2 长岛毗邻海域底层渔业生物群落食物网拓扑结构指标间的相关性

图中左下部分为相关系数，右上部分圆形大小和颜色深浅对应相关系数大小，红色代表正相关，蓝色代表负相关

指标排序得到的各物种对食物网的重要性存在一致性。少数几个指标间存在极其显著的负相关（$p \leqslant 0.01$），如 D_{in} 和 K_t、TI^1、TI^5 之间，K_t 和 K_b 之间，K_b 和 TI^1、TI^5 之间。通常这些指标表示对位相反的生态含义，例如上行效应和下行效应。

第三节　食物网拓扑结构季节变化

4 个季节对应月份分别为：春季 2021 年 3～5 月，夏季 2021 年 6～8 月，秋季 2021 年 9～11 月，冬季 2020 年 12 月和 2021 年 12 月。基于野外调查数据构建了该区域主要生物种类（$IRI > 100$）食物网拓扑结构的季节性变化图（图 4-3）。该区域 4 个季节共包含主要种类 S 为 13～25 个，L 为 28～110 个，食物网拓扑结构 D_d（S/L）范围为 0.22～0.46，L/S 范围为 2.15～2.81，中间关联度范围为 0.166～0.2，SC 范围为 4.67～9.43，平均 $Chpath$ 范围为 1.53～2.06，平均 CC 变化范围为 0.32～0.386。其中，冬季的 S、L、L/S、中间关联度、SC 和平均 $Chpath$ 均最低，夏季的 L/S、中间关联度、SC、平均 $Chpath$ 和平均 CC 均最高；而秋季的 S 和 L 最多，详细数据见表 4-4。

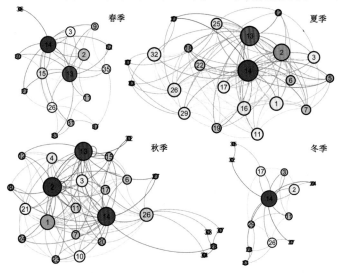

图 4-3　长岛毗邻海域底层生物群落拓扑结构的季节变化

图中从左到右依次为春季、夏季、秋季和冬季；颜色由蓝到红代表物种的节点强度越来越大，即与该种存在摄食关系的物种数量越来越多；圆圈的大小也代表节点强度的大小；物种编号详见表 3-1；食物网拓扑网络通过 Gephi 0.9.2 绘制，网络图采用 ForceAtlas 2 方式布局，节点的大小和颜色根据度的大小绘制，边的颜色由其连接的两个节点的颜色混合得到

表 4-4　长岛毗邻海域底层渔业生物群落食物网连接情况的季节变化

季节	S	L	D_d（S/L）	L/S	L/S^2	SC	$Chpath$	平均 CC
春	16	45	0.36	2.81	0.18	6	1.587	0.32
夏	22	99	0.22	4.5	0.2	9.43	2.06	0.386
秋	25	110	0.23	4.4	0.176	9.17	1.934	0.328
冬	13	28	0.46	2.15	0.166	4.67	1.53	0.355

注：L/S^2 为种间关联度。

长岛毗邻海域底层渔业资源与栖息环境

春季群落中共包含主要生物 16 种，摄食关系 45 种，其食物网拓扑结构如图 4-3 所示，拓扑学指标如表 4-5 所示。在该季节群落中口虾蛄的 L、捕食对象和 CC 最高，表明口虾蛄是春季的主要捕食者，在群落的信息传递中最具有优势。扁玉螺的捕食者数量、K_t、TI^1 和 TI^5 最高，表明扁玉螺是该区域春季的主要饵料生物和基础物种，被最多的捕食者摄食，受捕食者的下行效应较大，信息的扩散能力最大。日本鼓虾和矛尾虾虎鱼的捕食与被捕时对象数量较为均衡，并且大部分拓扑学指标都排在春季的前 5 名，表明日本鼓虾和矛尾虾虎鱼是春季食物网的主要中间种，其中矛尾虾虎鱼和日本鼓虾的 F 和 $^D F$ 分别排名第 1 和第 2，说明当把它们从该群落中剔除时，群落的离散程度增加的最大，受到的影响最广，二者作为食物网结构中的中间物种在食物网中起着承上启下的信息传递作用。

夏季共包含主要生物 22 种，摄食关系 99 种，其食物网拓扑结构如图 4-3 所示，拓扑学指标如表 4-5 所示。相比于春季，其物种数量、摄食关系和食物网拓扑结构的复杂性均有所增加。在该季节群落中关键的捕食者依旧为口虾蛄，其饵料数量、BC、CC、IC、F 和 $^D F$ 最高，说明其对群落内信息交换的控制能力最强，在该群落的信息传递中更具有优势，能够将群落信息以最快的速度传递到其他物种，对群落中其他物种间的信息交流产生的影响最大。口虾蛄依旧为最关键的捕食者，但夏季又增加了许氏平鲉和白姑鱼等捕食者，二者在多项指标中排名前 5。饵料物种中，日本鼓虾的捕食者数量最多（$D_{out}=14$，$D_{in}=6$），成为最关键的饵料物种，其次为日本枪乌贼。而矛尾虾虎鱼的多项指标均有所下降，但仍是主要的中间物种（$D_{out}=5$，$D_{in}=4$）。口虾蛄和日本枪乌贼的 F 和 $^D F$ 分别排名第 1 和第 2，说明当把它们从该群落中剔除时，群落的离散程度增加的最大，受到的影响最广。

秋季共包含主要生物 25 种，摄食关系 110 种，均为 4 个季节中最高，其食物网拓扑结构如图 4-3 所示，拓扑学指标如表 4-5 所示。相比于夏季，秋季的关键捕食者各项拓扑学排名均有所下降，表明捕食者在秋季的底栖食物网中的重要性和关键性有所降低，主要的捕食者仍为口虾蛄和白姑鱼。饵料种类中，扁玉螺共有 5 项指标排名第 1，分别为 BC、K、K_t、TI^1 和 TI^5；日本鼓虾共有 4 项指标排名第 1，分别为 L、捕食者数量、CC 和 IC，由于日本鼓虾的捕食者数量占据主导（$D_{out}=16$，$D_{in}=4$），其依旧为关键的饵料物种。矛尾虾虎鱼依旧为主要的中间种（$D_{out}=8$，$D_{in}=6$），其多项指标排名前 5。F 和 $^D F$ 排名前 4 的物种分别为口虾蛄、日本鼓虾、矛尾虾虎鱼和白姑鱼，说明当把它们从该群落中剔除时，群落的离散程度增加的最大，受到的影响最广，这 4 种物种在该区域秋季底栖食物网中更为关键。

冬季共包含主要生物 13 种，摄食关系 28 种，均为 4 个季节中的最低值。其拓扑结构如图 4-3 所示，拓扑学指标如表 4-5 所示。相比于其他季节，冬季的捕食者数量最少，口虾蛄和白姑鱼均未出现，矛尾虾虎鱼成为最主要的捕食者（$D_{out}=1$，$D_{in}=5$），其多项拓扑学指标排名靠前。饵料物种中，扁玉螺（$D_{out}=6$，$D_{in}=1$）和紫贻贝（$D_{out}=5$，$D_{in}=0$）成为冬季最主要的饵料物种，它们的多项指标均排名靠前，其中扁玉螺的捕食者数量和 TI^1 排名最高，紫贻贝的 K、K_t、TI^5 排名第 1。日本鼓虾（$D_{out}=4$，$D_{in}=6$）的捕食和被捕食对象较为均衡，是主要的中间物种，并且其 7 项指标排名第 1，成为该区域冬季底层生物群落中最关键的物种。

表 4-5　长岛毗邻海域底层渔业生物群落食物网拓扑结构指标的季节变化

（加粗数字为物种编号，表中仅列出各季节排名前 5 的物种）

季节	D	D_{in}	D_{out}	BC	CC	IC	ΔF	$\Delta^D F$	K	K_t	K_b	TI^1 ($n=1$)	TI^5 ($n=5$)
春	**13** 12	**13** 8	**26** 8	**14** 26.85	**13** 83.33	**14** 3.03	**2** 0.08	**2** 0.06	**9** 10.78	**26** 4.54	**9** 10.78	**26** 2.85	**26** 0.91
	14 11	**2** 7	**35** 7	**13** 19.34	**14** 83.33	**13** 3.01	**14** 0.18	**14** 0.11	**13** 5.74	**35** 2.46	**2** 5.48	**35** 1.72	**31** 0.49
	2 8	**14** 6	**14** 5	**26** 8.44	**15** 68.18	**15** 2.67	**13** 0.15	**13** 0.10	**2** 5.68	**31** 2.43	**13** 4.69	**31** 1.58	**35** 0.49
	26 8	**9** 5	**31** 5	**35** 5.68	**26** 68.18	**26** 2.66	**3** 0.08	**3** 0.06	**26** 4.54	**14** 1.6	**3** 3.14	**14** 1.22	**14** 0.32
	15 7	**3** 4	**13** 4	**15** 4.28	**26** 68.18	**2** 2.65	**15** 0.08	**15** 0.06	**14** 3.96	**30** 1.13	**14** 2.36	**13** 0.93	**30** 0.23
夏	**14** 20	**13** 16	**14** 14	**13** 8.89	**13** 91.30	**13** 6.32	**13** 0.27	**13** 0.12	**7** 18.13	**26** 5.96	**7** 18.13	**14** 2.97	**26** 1.19
	13 18	**7** 13	**26** 12	**14** 6.961	**14** 87.50	**14** 6.20	**25** 0.19	**25** 0.08	**14** 15.19	**29** 5.74	**13** 10.6	**26** 2.77	**29** 1.15
	7 13	**1** 11	**11** 11	**26** 6.804	**26** 77.78	**26** 5.80	**32** 0.15	**14** 0.08	**13** 10.78	**14** 4.12	**1** 8.52	**29** 2.75	**14** 0.82
	11 13	**6** 9	**29** 10	**25** 5.954	**26** 77.78	**2** 5.77	**14** 0.12	**2** 0.07	**1** 8.6	**11** 3.63	**32** 3.44	**11** 2.07	**11** 0.73
	1 12	**14** 6	**5** 7	**29** 5.073	**1** 75.00	**1** 5.63	**1** 0.08	**32** 0.07	**26** 5.96	**5** 2.22	**6** 1.87	**25** 1.21	**5** 0.44
秋	**14** 20	**7** 13	**14** 16	**26** 23.17	**14** 82.76	**14** 3.93	**13** 0.183	**13** 0.09	**26** 20.11	**26** 20.11	**21** 8.35	**26** 7.01	**26** 4.01
	13 16	**21** 13	**26** 15	**14** 20.14	**13** 75.00	**2** 3.75	**14** 0.135	**14** 0.08	**21** 8.35	**14** 5.88	**7** 6.51	**14** 4.36	**14** 1.18
	26 15	**13** 12	**10** 12	**13** 8.41	**1** 72.73	**26** 3.75	**2** 0.085	**2** 0.06	**14** 6.82	**10** 5.61	**13** 6.03	**10** 2.36	**10** 1.12
	2 14	**1** 10	**3** 9	**2** 5.64	**26** 72.73	**13** 3.73	**1** 0.058	**1** 0.04	**7** 6.51	**28** 2.89	**1** 3.42	**28** 1.42	**28** 0.58
	3 14	**6** 9	**15** 9	**1** 5.22	**2** 70.59	**1** 3.66	**3** 0.058	**3** 0.04	**13** 6.41	**15** 2.09	**6** 2.95	**2** 1.41	**15** 0.42
冬	**14** 10	**14** 6	**26** 6	**14** 42.54	**14** 85.71	**14** 2.43	**14** 0.20	**14** 0.14	**29** 9.41	**29** 9.41	**24** 7.44	**26** 3.2	**29** 1.88
	26 7	**2** 5	**29** 5	**17** 12.79	**2** 66.67	**26** 2.11	**17** 0.12	**17** 0.08	**24** 7.44	**26** 5.43	**2** 5.38	**29** 2.5	**26** 1.09
	2 6	**3** 3	**14** 4	**26** 11.63	**26** 66.67	**2** 2.03	**2** 0.10	**2** 0.07	**2** 5.88	**14** 1.73	**14** 3.23	**14** 1.53	**14** 0.35
	11 5	**33** 3	**11** 3	**29** 7.39	**17** 63.16	**29** 1.92	**3** 0.10	**26** 0.06	**26** 5.63	**35** 1.59	**3** 2.09	**35** 1	**35** 0.32
	17 5	**11** 2	**17** 3	**2** 6.20	**29** 63.16	**17** 1.92	**26** 0.09	**3** 0.06	**14** 4.97	**11** 1.19	**32** 1.56	**11** 0.7	**11** 0.24

第四节 食物网的复杂性

随着近年来人类活动和环境变化带来的压力，海洋酸化、海洋生物多样性降低、过度捕捞等海洋生态环境问题越来越凸显（刘勇等，2015）。自从关键种的概念提出以来，海洋生态系统中此类种的筛选一直是科学家面对的重要工作之一（孙刚等，2000），其相关研究无疑对进一步认识生态系统食物网的复杂性和保护生物多样性具有重要的作用（Allesina et al，2008）。长岛毗邻海域底层渔业生物群落食物网的复杂性主要通过 S 和 L，以及产生的一系列 SC 来衡量。有研究表明，随着这些 SC 的增大，食物网的复杂性随之增加（Montoya and Solé，2003）。本研究选取了国内和国际上一些热点区域食物网的研究结果与长岛毗邻海域进行了 SC 对比（表4-6）。相比较邻近的莱州湾和黄海，长岛毗邻海域食物网的复杂性相对偏高，体现在较高的连接密度、L/S^2 和 SC 上。在世界范围，岛屿毗邻海域生态系统相比传统海域拥有更高的生物多样性，例如印度-西太平洋，那里岛屿众多，也是全球海洋生物多样性最高的区域。生境多样性在一定程度上也影响着生物多样性。此外，造成此现象的原因也与本研究中的目标物种多为小型的底层杂食性生物有关，它们的捕食与被捕食对象较多，捕食关系也较为复杂，生物的杂食性对维持食物网的动态和稳定性十分重要（Booth and Quinn，2006）。相比于莱州湾和黄海的大面积海域，长岛毗邻海域食物网的复杂性和抗干扰能力可能相对更强。此外，长岛毗邻水域属于近岸岛礁生态系统，具有海陆二相性，易受陆源物质输入和人类活动影响，具有复杂的初级生产来源，如浮游植物、大型藻类、碎屑、悬浮颗粒有机物（POM）和沉积颗粒有机物（SOM）等，复杂的初级碳来源也在一定程度上通过上行控制影响着食物网的复杂性（赵永松等，2022）。长岛毗邻海域是黄渤海的生态通道，是黄渤海海洋生物洄游和栖息的关键"服务区"，具备完整且复杂的岛屿毗邻海域生态系统。除了岛礁性本地种外，还有许多洄游种，存在渔业生物群落结构的季节性变动，这在一定程度上也影响着该海域底层食物网的复杂性（赵永松等，2022；邹建宇等，2022a，2022b）。长岛毗邻海域的食物网复杂性低于山东半岛南部的海州湾，并且低于国际上的一些热点区域，如加勒比海地区。这可能是由于长岛毗邻海域相比上述地区，其物种数量明显较低，食物网拓扑结构中节点数量会在一定程度上影响食物网的复杂性（Dunne et al，2022）。然而食物网的复杂性是多方面的结果，其与群落结构、生物多样性特征以及生态环境特征息息相关，仅靠简单的指数可能难以全面衡量其复杂性，未来仍需对长岛毗邻海域的食物网展开长期的研究，以期更深入地解决食物网的复杂性问题。

表4-6 长岛毗邻海域底层渔业生物群落食物网 SC 与其他典型海域对比

区域	D_d（S/L）	L/S	L/S^2	SC	$Ch\,path$	平均 CC
长岛	0.17	6.03	0.16	12.210	2.101	0.301
海州湾（徐从军，2020）	0.09	10.98	0.12	22.200	2.110	0.230

(续)

区域	D_d (S/L)	L/S	L/S^2	SC	$Ch\,path$	平均 CC
莱州湾（杨涛，2018）	0.33	3.00	0.18	6.375		0.325
黄海（苏程程，2021）	0.23	4.36	0.04	8.800		0.138
加勒比海珊瑚礁（Opitz，1996）	0.09	11.10	0.22	22.450	1.600	0.360

注：L/S^2 为种间关联度。

第五节　关键种识别及其季节变化

一、关键种识别

研究发现，口虾蛄、日本鼓虾、白姑鱼、矛尾虾虎鱼、扁玉螺等是调查海域群落中主要关键种，这些物种作为基础的饵料物种、中间物种和捕食者在食物网的物质循环和能量传递中发挥着关键作用，并维持着食物网结构的稳定性。李忠义等（2018）对渤海鱼类群落关键种的研究发现，鳀和黄鲫是渤海鱼类群落关键种；杨涛等（2018）对莱州湾鱼类食物网拓扑结构的研究发现，细纹狮子鱼是群落中的关键捕食者，六丝矛尾虾虎鱼是群落中关键的被捕食者。苏程程等（2021）对山东半岛南部海域食物网拓扑结构的研究发现，鳀是群落中关键的被捕食者，黄鮟鱇是群落中的关键捕食者。苏程程等（2021）对秋季黄海鱼类群落关键种的年代变化研究发现，鳀、黄鮟鱇和小黄鱼是群落关键种。王士聪等（2022）对浙江南部近海鱼类关键种的研究发现，带鱼是群落的关键捕食者，七星底灯鱼是群落的关键被捕食者。相比于这些区域的研究结果，本研究的关键种具有多样化、小型化的特点，这可能是采样方式不同所致。由于本研究采用阿氏网的调查，可能较难获取中上层的鱼类；再加上长岛海域岛礁性地理环境特点，水深较浅，聚集了许多的小型底栖无脊椎动物，水生生物多为近岸沿礁性物种，如虾虎鱼类、日本鼓虾等，这就可能导致了该区域的底层渔业生物关键种相较于其他区域在一定程度上表现出小型化的特点。此外，该区域底层渔业生物多数为杂食性动物，摄食关系较多，如矛尾虾虎鱼。除了本地种类外，还包含许多的洄游种类，如白姑鱼每年5月份洄游至此，至当年11月离开，这在一定程度上导致了渔业生物群落结构改变，从而造成关键种的多样化特征。

关键种由于其强大的连接与信息传递作用，在维持食物网结构的稳定上发挥着重要的作用。而不同的关键种由于其摄食关系的差异往往在食物网中扮演着不同的角色。根据 D_{in}、D_{out} 和拓扑学指标，将关键种分为关键捕食者（D_{in} 远大于 D_{out}）、关键中间种（D_{in} 接近于 D_{out}）和关键饵料种（D_{in} 远小于 D_{out}）3类。在主要的关键种中，口虾蛄和白姑鱼是关键捕食者，矛尾虾虎鱼由于其 D_{in} 和 D_{out} 接近，是关键中间种，扁玉螺的被捕食者最多且远大于其捕食对象数量，为关键饵料种。而日本鼓虾则介于关键饵料种和关键中间种之间（表4-7）。

食物网的平均 $Ch\,path$ 为2.101（表4-2），与其他类型的食物网相比，该区域食物网内物种之间的平均最短路径长度偏短，其他类型的食物网的平均 $Ch\,path$ 从1.3到

长岛毗邻海域底层渔业资源与栖息环境

3.7 不等 (Dunne et al，2004)，呈现出高连接性和短路径长度的特点。这表明，该区域食物网中的大多数物种可能是非常亲密的"邻居"，不同扰动的影响可能会更快地传播到邻近的物种 (Williams et al，2002)，这也符合其底层消费者多为杂食性物种的特点。例如，过度捕捞等扰动的影响可能在该海洋生态系统中传播更加迅速且广泛。然而，正是由于其高连接性和短路径长度的特点，强烈干扰的影响可以迅速扩散到整个食物网，邻近的物种可以在生态位上相互补充，从而缓冲或者抵消扰动对单一物种的强烈影响，因此，强烈影响可以迅速扩散到整个海洋食物网，从而减少任何特定波动的总体影响 (Link，2002)。

表 4-7　长岛毗邻海域底层渔业生物群落关键种在食物网中所扮演的角色

角色	关键种	D_{in}	D_{out}
关键捕食者	口虾蛄	21	6
	白姑鱼	16	5
关键中间种	矛尾虾虎鱼	12	13
关键饵料种	日本鼓虾	10	18
	扁玉螺	0	14

二、 关键种的季节变化

秋季和夏季的物种数量和摄食关系要高于春季和冬季，食物网的复杂性更高。过去有研究认为海洋鱼类受长期适应性进化的影响，对饵料具有特定的选择性，不易受环境和饵料生物丰度的影响 (陈大刚，1997)。然而越来越多的研究表明，海洋生物的摄食关系和其在食物网中所处的位置并不是一成不变的，而是一个动态的变化过程，并由此开发了许多营养动态模型 (Christensen and Walters，2004)。随着海洋生物的生长、个体大小的变化、环境的改变、捕食或捕捞压力的变化，海洋生物在食物网中所扮演的角色可能会发生改变 (Shurin et al，2006；Woodward et al，2005；Brown et al，2004；Cohen et al，2003；金显仕等，2015)。本研究结果很好地证实了这一观点。虽然通过拓扑结构的构建与拓扑学指标的排序筛选出口虾蛄、日本鼓虾、白姑鱼、矛尾虾虎鱼、扁玉螺等为群落关键种，但受洄游种和季节温度变化的影响，不同季节间生物种类和摄食关系存在一定差别，导致了关键种在食物网中扮演了不同角色，其具体季节变化如表4-8所示。春季，鱼类种类较少，口虾蛄成为关键捕食者，而扁玉螺的捕食者最多，是关键饵料种；矛尾虾虎鱼和日本鼓虾的 D_{out} 和 D_{in} 接近，是关键中间种。到了夏季，受渔业种群的生长、繁殖和洄游的影响，鱼类多样性大大增加，关键捕食者除了口虾蛄外，又增加了白姑鱼和许氏平鲉；矛尾虾虎鱼依旧为关键中间种；日本枪乌贼是关键饵料种；由于鱼类的增加和扁玉螺等基础饵料生物的减少，日本鼓虾由春季的关键中间种转变为夏季的关键饵料种。到了秋季，虽然口虾蛄和白姑鱼依然是关键捕食者，但二者的各项拓扑学指标排名相较于春夏季节明显下降，关键捕食者在秋季食物网中的重要程度有所降低，食物网的营养层次有所降低，这可能是由于秋季生物丰度和多样性较高，物种数量和摄食关系最多，饵料种和中间种种类增多，杂食性鱼类的摄食选择更多，导致关键捕食者对低营养层次的物种的下行控制变弱；矛尾虾虎鱼依旧为关键中间种；关键饵料种转变为扁玉螺和日本鼓虾。由于冬季大部分的洄游种沿着渤海海峡向黄海更温暖的地方越冬洄游，鱼类种类大大减少，冬季呈现出单物种丰度和生物量高、生物多样性较低的情形，口虾蛄和洄游鱼类的减少，导致矛尾虾虎鱼成为食物网中的关键捕食者；而日本鼓虾也成为关键中间种；扁玉螺和紫贻贝是关键饵料种；食物网的营养水平也随之大大降低。

表 4-8　长岛毗邻海域底层渔业生物群落食物网关键种的季节变化

角色	春	夏	秋	冬
关键捕食者	口虾蛄	口虾蛄 白姑鱼 许氏平鲉	口虾蛄 白姑鱼	尾虾虎鱼
关键中间种	矛尾虾虎鱼 日本鼓虾	矛尾虾虎鱼	矛尾虾虎鱼	日本鼓虾
关键饵料种	扁玉螺	日本鼓虾 日本枪乌贼	扁玉螺 日本鼓虾	扁玉螺 紫贻贝

（赵永松、单秀娟、苏程程、杨涛）

参考文献　>>>

陈大刚，1997. 渔业资源生物学 ［M］. 北京：中国农业出版社：80-100.

陈颖涵，2013. 北部湾主要鱼类食性的初步研究 ［D］. 厦门：厦门大学.

程济生，朱金声，1997. 黄海主要经济无脊椎动物摄食特征及其营养层次的研究 ［J］. 海洋学报，19（6）：102-108.

单秀娟，陈云龙，戴芳群，等，2014. 黄海中南部不同断面鱼类群落结构及其多样性 ［J］. 生态学报，34（2）：377-389.

邓景耀，姜卫民，杨纪明，等，1997. 渤海主要生物种间关系及食物网的研究 ［J］. 中国水产科学，4：2-8.

邓景耀，孟田湘，任胜民，1986. 渤海鱼类食物关系的初步研究 ［J］. 生态学报，4：356-364.

窦硕增，杨纪明，陈大刚，1992. 渤海石鲽、星鲽、高眼鲽及焦氏舌鳎的食性 ［J］. 水产学报，2：162-166.

黄建辉，韩兴国，娄治平，1995. 关键种概念在生物多样性保护中的意义与存在问题 ［J］. 植物学通报，12（4）：195-223.

金海卫，薛利建，朱增军，等，2012. 东海和黄海南部细条天竺鲷的摄食习性 ［J］. 海洋渔业，34（4）：361-370.

金显仕，窦硕增，单秀娟，等，2015. 我国近海渔业资源可持续产出基础研究的热点问题 ［J］.

渔业科学进展，36 (1)：124-131.

李明德，1996. 渤海鱼类的竞食关系 [J] . 河北渔业，5：14-16.

李忠义，吴强，单秀娟，等，2018. 渤海鱼类群落结构关键种 [J] . 中国水产科学，25 (2)：229-236.

林群，2012. 黄渤海典型水域生态系统能量传递与功能研究 [D] . 青岛：中国海洋大学 .

刘勇，程家骅，2015. 东海、黄海秋季渔业生物群落结构及其平均营养级变化特征初步分析 [J] . 水产学报，39 (5)：691-702.

苏程程，单秀娟，杨涛，2021. 山东半岛南部海域渔业资源结构及关键种的年际变化 [J] . 水产学报，45 (12)：1983-1992.

苏程程，单秀娟，杨涛，等，2021. 黄海秋季鱼类群落关键种的年代际变化 [J] . 渔业科学进展，42 (6)：1-14.

孙刚，盛连喜，2000. 生态系统关键种理论的研究进展 [J] . 动物学杂志，4：53-57.

王荣夫，张崇良，徐宾铎，等，2018. 海州湾秋季小眼绿鳍鱼的摄食策略及食物选择性 [J] . 中国水产科学，25 (5)：1059-1070.

王士聪，杨蕊，高春霞，等，2022. 基于生态网络结构的浙江南部近海鱼类群落关键种识别 [J] . 中国水产科学，29 (1)：118-129.

徐从军，刘阳，程远，等，2020. 基于拓扑网络研究海州湾食物网结构与复杂性 [J] . 海洋学报，42 (4)：47-54.

许莉莉，薛莹，徐宾铎，等，2018. 海州湾大泷六线鱼摄食生态研究 [J] . 中国水产科学，25 (3)：608-620.

薛莹，2005. 黄海中南部主要鱼种摄食生态和鱼类食物网研究 [D] . 青岛：中国海洋大学 .

杨纪明，2001. 渤海鱼类的食性和营养级研究 [J] . 现代渔业信息 (10)：10-19.

杨涛，2016. 莱州湾鱼类群落关键种及其年际变化 [D] . 上海：上海海洋大学 .

杨涛，单秀娟，金显仕，等，2018. 莱州湾春季鱼类群落关键种的长期变化 [J] . 渔业科学进展，39 (1)：1-11.

张波，2005. 中国近海食物网及鱼类营养动力学关键过程的初步研究 [D] . 青岛：中国海洋大学 .

张波，2018. 渤海鱼类的食物关系 [J] . 渔业科学进展，39 (3)：11-22.

张波，李忠义，金显仕，2014. 许氏平鲉的食物组成及其食物选择性 [J] . 中国水产科学，21 (1)：134-141.

赵永松，单秀娟，金显仕，等，2022. 庙岛群岛毗邻海域底层渔业生物群落多样性特征 [J] . 渔业科学进展，43 (6)：132-147.

赵永松，单秀娟，杨涛，等，2022. 庙岛群岛毗邻海域秋季底栖食物网潜在碳来源贡献及对碳汇渔业的思考 [J] . 渔业科学进展，43 (5)：132-141.

郑晓春，戴小杰，朱江峰，等，2015. 太平洋中东部海域大眼金枪鱼胃含物分析 [J] . 南方水产科学，11 (1)：75-80.

朱江峰，戴小杰，王学昉，等，2016. 海洋食物网拓扑学方法研究进展 [J] . 渔业科学进展，37 (2)：153-159.

邹建宇，薛莹，徐宾铎，等，2022a. 长山列岛邻近海域鱼类群落种类组成和多样性时空变化 [J] . 应用生态学报，33 (8)：2237-2243.

邹建宇，张崇良，徐宾铎，等，2022b. 长山列岛邻近海域春、秋季鱼类群落结构 [J] . 中国水产科学，29 (9)：1349-1357.

第四章 长岛毗邻海域底层渔业生物关键种识别及其季节变化

Allesina S，Alonso D，Pascual M，2008. A general model for food web structure. Science，320 (5876)：658-661.

Booth A J，Quinn II T J，2006. Maximum likelihood and Bayesian approaches to stock assessment when data are questionable ［J］. Fish Res，80 (2-3)：169-181.

Brown J H，Gillooly J F，Allen A P，et al，2004. Toward a metabolic theory of ecology ［J］. Ecology，85 (7)：1771-1789.

Christensen V，Walters C J，2004. Ecopath with Ecosim：methods，capabilities and limitations ［J］. Ecol Model，172 (s2-4)：109-139.

Cohen J E，Jonsson T，Carpenter S R，2003. Ecological community description using the food web，species abundance，and body size ［J］. Proc Natl Acad Sci USA，100 (4)：1781-1786.

Dunne J A，Williams R J，Martinez N D，2004. Network structure and robustness of marine food webs ［J］. Mar Ecol Prog，273：291-302.

Dunne J A，Williams R J，Martinez N D，2022. Food-web structure and network theory：The role of connectance and size ［J］. P Natl Acad Sci USA，99 (20)：12917-12922.

Link J，2002. Does food web theory work for marine ecosys tems ［J］. Mar Ecol Prog Ser，230：1-9.

Marina T I，Salinas V，Cordone G，et al，2018. The food web of Potter Cove（Antarctica）：complexity，structure and function ［J］. Estuar，Coast Shelf S，200：141-151.

Mills L S，Doak D F，1993. The keystone-species concept in ecology and conservation ［J］. BioScience，43 (4)：219-224.

Montoya J M，Solé R V，2003. Topological properties of food webs：from real data to community assembly models ［J］. Oikos，102 (3)：614-622.

Opitz S，1996. Trophic Interactions in Caribbean Coral Reefs ［M］. Makati：International Center for Living Aquatic Resources.

Paine R T，1966. Food Web Complexity and Species Diversity ［J］. Am Nat，100 (910)：65-75.

Paine R T，1969. A Note on Trophic Complexity and Community Stability ［J］. Am Nat，103 (929)：91-93.

Shurin J B，Gruner D S，Hillebrand H，2005. All wet or dried up? Real differences between aquatic and terrestrial food webs ［J］. Proc R Soc B，273 (1582)：1-9.

Williams R J，Berlow E L，Dunne J A，et al，2002. Two degrees of separation in complex food webs ［J］. P Natl Acad Sci USA，99 (20)：12913-12916.

Woodward G，Ebenman B，Emmerson M，et al，2005. Body size in ecological networks ［J］. Trends Ecol Evol，20 (7)：402-409.

第五章 CHAPTER 5

长岛毗邻海域关键种营养生态

　　海洋是人类赖以生存和发展的根基，然而在人类活动、气候变化和环境污染等多重压力下，海洋生态系统健康受到了严峻挑战（Teng et al，2021）。食物网是研究海洋生态问题的重要科学方法，是了解种间关系和生态系统结构的有力手段（唐启升等，2005a）。海洋生物间通过摄食关系（捕食与被捕食）构成了紧密联系与相互作用的海洋食物网（李忠炉等，2019）。了解海洋生物的摄食习性是了解海洋生物生长、发育、繁殖、种间关系和食物网结构的前提之一（唐启升等，2005b）。过去，胃含物分析方法一直以来是研究鱼类摄食习性的主要方法，但其在研究小型鱼类和无脊椎动物食性方面则弊端明显。近10几年来，碳、氮稳定同位素技术在食物网领域的应用与发展为解决这些问题提供了一种崭新的方式。因此，为了进一步了解长岛毗邻海域的食物网结构特征，本章节在前面几章研究结果的基础上，选取主要的优势种和关键种作为研究对象，应用碳、氮稳定同位素技术和多种稳定同位素模型对其稳定同位素特征、食物来源贡献比例和同位素空间生态位进行了研究，为了解优势种和关键种在维持群落稳定性和生物多样性方面的作用提供新的视野，为进一步研究长岛毗邻海域食物网结构特征提供科研基础和数据支撑。

　　依据第三章和第四章的研究结果，筛选出白姑鱼、矛尾虾虎鱼、口虾蛄和日本鼓虾作为主要研究对象（表5-1）。白姑鱼是长岛毗邻海域的关键捕食者、优势种，每年春季由黄海经长岛毗邻海域洄游至渤海，又在每年的秋末经长岛毗邻海域从渤海洄游至黄海越冬（徐兆礼，2010），是长岛毗邻海域主要的底层洄游种类。白姑鱼一直以来是黄渤海底层鱼类中的主要石首鱼类，但相较于小黄鱼，对黄渤海白姑鱼的摄食习性的研究依然较少。矛尾虾虎鱼是长岛毗邻海域底层渔业生物群落的关键中间种和优势种，也是主要的岛礁性本地种。虾虎鱼类近年来逐渐取代了体型较大的鱼类，成为许多近岸浅海生态系统中的优势鱼种和关键捕食者，在底层食物网中扮演着重要的角色（张良成等，2019；张家旭等，2012；孟宽宽等，2017）。有关虾虎鱼类的摄食研究也开始陆续出现（韩东燕等，2013；张衡等，2018；隋昊志等，2017；朱美贵等，2016；韩东燕等，2016），但对矛尾虾虎鱼的摄食习性研究还未曾见过报道。口虾蛄是长岛毗邻海域的关键捕食者和优势种，也是该区域的主要渔业经济种之一。近年来由于渔业资源的衰退，口虾蛄逐渐成为底层渔业群落中的优势种，其生态和经济价值也日益凸显，对口虾蛄摄食习性的研究也显得尤为必要。早年间，日本的滨野龙夫等、国内的徐善良等（1996）和邓景耀等（1997）曾针对口虾蛄的摄食习性展开过研究。近些年盛福利等（2009）对青岛近海的口虾蛄的摄食习性曾进行过研究。而宁加佳（2016）则应用稳定同位素技术对汕尾红海滩海域的口虾蛄食性进行过分析。然而有关应用稳定同位素技术对渤海口虾蛄摄食习性的研究还鲜有报道。日本鼓虾是长岛毗邻海域的关键饵料种和优势种，也是本地的岛礁类底层小型虾类，其生物量与丰度在该区域的底层渔业生物群落中十分可观。杨纪明（2001）曾应用胃含物分析方法对渤海无脊椎动物的食性展开过研究，其中就包括日本鼓虾。但目前为止，针对日本鼓虾摄食习性的定量研究仍比较少。

表 5-1　长岛毗邻海域底层渔业生物群落的优势种和关键种及其重要性

物种	重要性
口虾蛄	关键捕食者、优势种、经济种
白姑鱼	关键捕食者、优势种、洄游种
矛尾虾虎鱼	关键中间种、优势种、本地种
日本鼓虾	关键饵料种、优势种、本地种

第一节　数据来源与处理方法

一、样品采集与处理

2020 年 9～11 月对长岛毗邻海域分别进行了 30 个采样点的调查（图 3-1），与前几章的调查航次相同。研究区域位于 120.5°E～120.8°E、37.8°N～38.0°N。野外采样主要包括沉积有机质（SOM）、颗粒有机质（POM）、大型藻类、浮游植物、浮游动物、无脊椎动物和鱼类。所有样本均采用随机抽样法收集。其中 SOM、POM、浮游植物、浮游动物、主要的饵料生物和白姑鱼、矛尾虾虎鱼、口虾蛄、日本鼓虾以及它们的主要饵料生物的同位素样品用于本章研究内容。

采用抓斗式采泥器（5L：305 mm × 150 mm × 480 mm）定点垂直采集表层沉积物样本，SOM 样品从沉积物表层约 1 cm 处采集（Xie et al，2021）。从海洋表层（0.5 m 以下）采集 POM 样品（2.5 L），通过 200 μm 筛绢进行预过滤，去除大型无机颗粒物和浮游生物（Xie et al，2021）。所得滤液通过抽滤装置抽滤至滤膜（Whatman GF/F 0.45 μm，450℃预灼烧 4 h 以去除滤膜上的有机物），得到 POM 样品（Kohlbach et al，2016）。用标准的小型生物网从水底定点垂直拖网至水面采集浮游植物。首先用 200 μm 的筛绢去除样品中的浮游动物。过滤后，在筛绢上采集样品，筛绢用蒸馏水反复冲洗，采用抽滤装置和 GF/F 玻璃纤维滤膜收集两种颗粒状浮游植物样品，滤膜用锡纸包裹冷冻保存（刘华雪等，2015）。浮游动物通过垂直拖网从水底采集到水面，在盛有过滤海水的桶中静置 2 h，以排空浮游动物的胃含物，防止胃含物对同位素测量结果产生影响

（Rolff，2000）。用筛绢将浮游动物分为 4 个粒级：＞900、500～900、300～500 和 100～300 μm。用蒸馏水反复冲洗筛绢后，用 Whatman GF/F 滤膜采集 4 种浮游动物样本（刘华雪等，2015）。用锡纸包裹滤膜，置于−20℃冰箱中保存（Rolff，2000）。由于采样环境和采样条件的限制，大型藻类、水生无脊椎动物和鱼类通过阿式网（网架高 0.4 m、长 2.4 m；网长 9 m、网口高 2.5 m、网目共 380 扣，最大网目直径 2.54 cm、最小网目直径 0.9 cm）采集。采集后，所有样品在−20℃低温保存，带回实验室进行物种鉴定、体长（mm）和体重（g）测量，并进一步进行稳定同位素分析。

二、 稳定同位素分析

大型藻类用蒸馏水清洗，脱盐，然后用锡纸包裹起来备用。用于稳定同位素分析的组织样本，鱼类采集第一背鳍附近的白色肌肉，虾类采集腹部肌肉（McIntyre et al，2006）。较大个体的蟹类取其第 1 螯足肌肉，小型蟹类取其腹部肌肉。采集头足类动物的胴体和腕部肌肉。螺类去壳取肌肉，贝类取闭壳肌。对于其他较小的无脊椎动物，如没有足够白色肌肉组织，将整个个体用于稳定同位素分析。在对 SOM 样品和整个个体的小型甲壳类进行 $\delta^{13}C$ 分析之前，首先对样品进行处理以去除无机碳的影响（Post，2002）。将这些同位素样品分为 2 份，其中一份用酸（1 mol/L 盐酸）处理去除无机碳用于 $\delta^{13}C$ 分析，另一份不直接酸化用于 $\delta^{15}N$ 分析。浮游植物和浮游动物通常被消费者不加选择地吞噬，因此分别分析了几种混合样本。在实验室制备后，所有样品在 60℃下干燥 48 h，直至达到恒定的重量。干燥的样品经过球磨仪研磨处理，装入锡舟后进行稳定同位素分析。将玻璃纤维滤膜样品从滤膜上刮下，装入锡舟进行稳定同位素分析（徐军等，2020）。

所有同位素样品均由中国科学院水生生物研究所元素分析仪和同位素比值质谱仪测定。$\delta^{13}C$ 和 $\delta^{15}N$ 同位素分析的参考材料分别为 VPDB（Vienna Pee Dee Belemnite）和 N_2。国际标准材料为 IAEA-USGS24 和 IAEA-USGS25。稳定同位素比值用标准 δ 符号表示（$\delta^{13}C$ 和 $\delta^{15}N$），定义为：

$$\delta R = \left[(X_{sample} - X_{standard}) / X_{standard} \right] \times 10^3 (‰)$$

式中，R 代表 ^{13}C 或 ^{15}N，X 代表 $^{13}C/^{12}C$ 或 $^{15}N/^{14}N$。碳、氮同位素值的分析精度分别优于 0.1‰和 0.2‰。

本研究中的营养判别因子，采用了 Hussey（2014）基于实验数据和荟萃分析提出的比例化的营养框架，而不是常规的平均营养判别因子 $\delta^{15}N$ 为 3.4‰±1.0‰、$\delta^{13}C$ 为 1.3‰±0.4‰。该方法相较传统文献获取的营养判别因子更符合研究区域的实际判别因子，大大降低了贝叶斯模型分析中的不确定性。具体计算方法详见第五章的材料与方法。

三、 稳定同位素模型

碳、氮稳定同位素和同位素模型为定量研究不易观察胃含物的小型底层渔业生物提供了科研手段与基础。在运用贝叶斯混合模型分析食物来源贡献时，要求食物来源的种类是已知的，并且要求同位素样品具有代表性且满足一定的数量。本研究中的主要渔业生物的食性都曾被报道过，即使没有直接的该海域该物种的食性研究，也可从相邻海域的该物种或相近分类单元的物种的食性中获取相关数据。同位素样品的数量和代表性也同样可满足研究条件。因此本研究采用贝叶斯混合模型研究物种的食性是可行的。

采用 Simmr 模型对白姑鱼和矛尾虾虎鱼的食物来源贡献比例的概率分布进行研究。由于口虾蛄和日本鼓虾这类甲壳类动物相较于鱼类其食物来源种类存在更多的不确定性，因此采用更为强大的 MixSIAR 模型对口虾蛄和日本鼓虾的食物来源贡献比例的概率分布进行研究。

为了比较 4 种渔业生物组间的生态位关系和每种渔业生物不同体长组间的生态位重叠关系，采用 SIBER 和 nicheROVER 计算消费者的生态位重叠情况，并计算凸边形总面积 TA（total area）、标准椭圆面积 SEA（standard ellipse area）、$SEAc$ 和 $SEA.B$。$SEAc$ 是对小样本（通常样本量小于 30 个）进行校正后的标准椭圆面积，$SEA.B$ 是给所有可能的标准椭圆面积的贝叶斯统计提供了一个 SEA 的分布范围。3 个模型均使用 R4.1.2 软件进行分析。所有的统计分析和数据可视化使用 R4.1.2、Adobe Illustrator 2021 和 Origin 2021（OriginLab Corp，Northampton，MA，USA）进行。采用 Pearson 相似性检验方法检验体长与碳、氮稳定同位素之间的相关性，采用 PERMANOVA 检验食物来源间的差异性，以验证食物来源间具有种间差异性。

第二节　稳定同位素模型在水生生态系统食物网中的研究进展

水生生态系统是人类赖以生存和发展的重要资源。海洋面积占地球表面的 2/3，陆地上还包括各式各样的江、河、湖、沼等水体。水体中生物间错综复杂的营养关系构筑成水生生态系统食物网。有关水生生态系统食物网的研究描述了生态系统的许多关键过程，如营养循环、物质循环和能量流动过程（Barneche et al，2021；Barneche et al，2018；Martinez et al，1993；Nagelkerken et al，2020），这对于保障生态系统的多样性、稳定性和功能性具有重要意义。然而，水生生态系统食物网复杂性却一直困扰着生态学研究者。

近年来，稳定同位素技术在动物生态学方面的迅猛发展为解决食物网复杂性问题提供了有力的工具，特别是在动物食物来源确定、食物链和食物网构建等方面，稳定同位素技术提供了一个独特且崭新的视角（Vander and Rasmussen，2001；Boecklen et al，2011；Layman et al，2012）。稳定同位素是指某元素中不发生或极不易发生放射性衰变的具有相同质子数、不同中子数的同一元素的不同核素（Fry，2006）。在动物摄食生态学方面通常研究碳、氮稳定同位素（Minagawa and Wada，1984；Goericke and Fry，1994）。动物组织的碳、氮稳定同位素组成与其食物来源息息相关，反映了一段时期内动物组织同化的所有食物同位素组成的综合特征（McConnaughey and McRoy，1979）。由于同位素之间在物理、化学性质上存在差异，反应底物和生成产物在同位素组成上出现差异（林光辉，2013）。通常，与重同位素相比，轻同位素活性更高，能够更快、更容易在产物中富集（林光辉，2013）。因此，生物组织同化食物的物理、生物和化学过程中会产生轻重同位素的分馏，造成不同生物间同位素组成差异（Deniro and Epstein，1977）。研究表明，动物碳同位素组成可以指示它们的食物来源，氮稳定同位素组成由于富集度较强可以反映营养结构（Vander Zanden and Rasmussen，2001）。与传统胃含物分析、排泄物分析方法相比，稳定同位素组成更能真实反映一段时间内动物食物来源（高小迪等，2018）。

然而，动物不是摄食单一食物，食源复杂性与不确定性使得碳、氮稳定同位素数据在解释食物来源贡献问题时变得复杂。为了解决这个问题，越来越多的同位素混合模型被开发并应用于水生生态系统食物网中（Parnell et al，2013）。各种混合模型均主要使用两种及两种以上的稳定同位素来估算不同食物来源对消费者的相对贡献，并不断地增加同位素以外的环境变量和生物变量对模型进行优化，旨在减少模型的不确定性，使食物来源贡献的估算更接近于真实情况。然而，几十年发展历程形成的十几种稳定同位素混合模型给刚接触稳定同位素的研究人员造成许多困惑。因此，本研究综述了稳定同位素混合模型的发展历程，介绍了目前广泛应用的几种同位素模型（Simmr、MixSIAR和SIBER），并对模型实际应用的关注点进行了详细介绍；同时，对稳定同位素混合模型在水生食物网领域的应用前景与局限性进行了总结与展望，以期为同位素与食物网相关研究提供参考。

一、 发展历程

生物间相互交织的摄食关系构成了复杂的食物网，能量沿着食物网传递至整个生态系统（高小迪等，2018）。确定不同能量来源的相对重要性一直以来是理解生态系统变化的基础之一（薛莹和金显仕，2003；Vannote et al，1980）。过去，主要依靠胃含物分析方法来确定消费者的主要食物来源，并依据相关的统计方法计算不同食物来源的贡献率（颜云榕等，2011；Hyslop，1980；Bigg and Perez，1985；Assis，1996）。然而，这种方法具有许多局限性，例如对研究目标物种的破坏性较大，需要杀死动物来获取胃含物；对于体型较小的昆虫、无脊椎动物和小型鱼类等，通常无法获取它们的胃用以胃含物分析，无法确定和计算食物来源的贡献；胃含物分析通常只能获取动物短期内瞬时的饵料生物组成，无法获取其长期的食物来源信息，具有偶然性；通常显微镜下观察到的胃含物多为难以消化、易于辨认的较大饵料生物，对于一些微型饵料生物较难以观测；同时，由于胃含物鉴定主要依靠研究人员观测，大多难以鉴定到较低的分类单元，容易受到主观因素影响，缺乏客观性（高小迪等，2018）。稳定同位素技术为解决这些困难提供了一个崭新的视角，逐渐成为分析食物来源贡献等食物网关键问题的重要工具之一（Crawford et al，2008），并由此诞生了稳定同位素混合模型。基于动物稳定同位素比值与其食物来源稳定同位素比值相近的原则，稳定同位素混合模型将同位素数据转化为各种食物来源贡献的估计（高春霞，2020）。稳定同位素模型的发展大致分为3个阶段，分别为：起步阶段（1976~2001年），主要发展线性模型；补充阶段（2001~2008年），该时期得益于计算机技术的发展，各种不确定性因素被加入模型分析中；贝叶斯阶段（2008年至今），基于质量守恒和贝叶斯框架的混合模型大大提高了模型分析的准确性与可信性（图 5-1）。

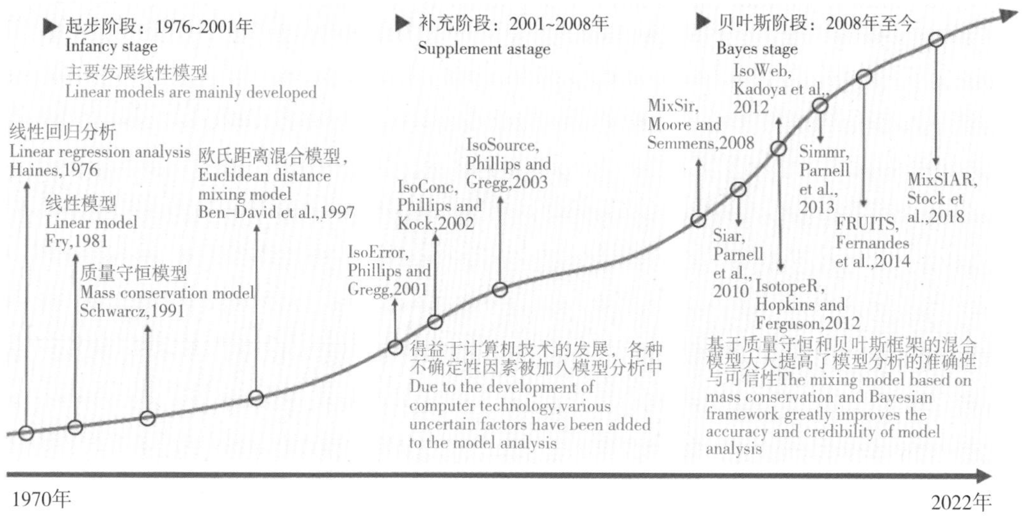

图 5-1　稳定同位素模型的发展阶段（1970～2022 年）

第 1 阶段（起步阶段）：最早利用稳定同位素估计食物来源贡献的研究来自 Haines（1976）对佐治亚州盐沼中 C4 植物、C3 植物和盐沼土对大西洋泥招潮蟹（*Uca pugnax*）的相对重要性研究。Haines 构建了 C4 植物、C3 植物和盐沼土的碳稳定同位素比值与大西洋泥招潮蟹碳稳定同位素比值的线性回归，发现 C4 植物与大西洋泥招潮蟹的碳稳定同位素比值呈线性关系，而盐沼土与其线性关系并不明显，由此判断 C4 植物对大西洋泥招潮蟹的能量贡献更大，是其主要食物来源。该研究是最早采用稳定同位素判断食物来源贡献的经典研究。因为同位素测量技术的限制，起初线性模型只能对一种稳定同位素和两种食物来源进行定量计算，Fry 等（1981）采用此方法用 $\delta^{13}C$ 研究海草和浮游植物对美国得克萨斯海湾虾类 *Pannaeus aztezus* 的食物来源贡献。随着同位素测量技术发展，多同位素测量模型开始出现，主要包括质量守恒模型（Schwarcz，1991）和欧氏距离混合模型（Ben-David et al，1997）。上述两种模型主要为线性混合模型（Liner Mixing Model），只能最多对两种稳定同位素和 3 种食物来源进行计算，当食物来源大于 3 时，模型无法进行分析（Zanden and Rasmussen，2001）。这些模型使得稳定同位素分析开始被用于食物来源贡献研究，但直到计算机时代到来，稳定同位素模型才开始被广泛开发并应用于食物网研究。

第 2 阶段（补充阶段）：随着计算机技术发展，模型分析数据能力迎来了新阶段。最初线性混合模型只能计算 2 种或 3 种食物来源的贡献，当食物来源过多时，模型出现多种结果，并且这些模型仅能提供食物来源贡献的点估计，不能从不确定性水平来解释食物来源和消费者稳定同位素的可变性、差异性和测量误差等。21 世纪伊始，Phillips、Gregg 和 Koch 就这一问题陆续开发出 3 种稳定同位素混合模型，分别为 IsoError（2001）、IsoConc（2002）和 IsoSource（2003）。其中，IsoError 模型首次尝试解决差异性和不确定性问题（Phillips and Gregg，2001）；食物来源差异性可能导致其各元素浓度间存在较大差异，因此，IsoConc 模型在计算中又加入了食物源和消费者元素浓度加权，以减少元素浓度差异对模型产生的影响（Phillips and Koch，2002）；IsoSource 则为了解决计算多食物来源问题而被开发，最多可计算多达 10 种食物来源贡献的比例范围（Phillips and Gregg，2003）。该模型基于用户定义的阈值，通过迭代算法，产生一系列可行解。由于其界面易于操作，结果易于提取和分析，被广泛应用。但该模型采用的是一种最大似然分析方法，在分析中并未考虑到同位素组成的变异性和不确定性，必须假定食物来源同位素的元素浓度、元素同化效率一致，不同组织间无同位素判别值（tissue discrimination factors，TDF）的差异（高春霞，2020）。因此，该模型在计算中未能包含样本的不确定性和变异性，已不适合目前同位素分析要求。

第 3 阶段（贝叶斯阶段）：近些年，研究人员根据贝叶斯统计框架开发出贝叶斯混合模型（Bayesian mixing models），这种模型依据质量守恒混合模型，使用统计分布来表征食物来源和消费者同位素值，并在贝叶斯框架下确定食物来源对混合物贡献比例的概率分布，充分估计了食物来源贡献的不确定性。其允许在严格的贝叶斯框架下灵活地指定模型，通过添加同位素的变异性、不确定性、元素浓度、不同的 TDF、大量食物来源等来降低模型的不确定性（高春霞，2020；Phillips et al，2014）。相较于以往的混合模型，贝叶斯混合模型更具优势，贝叶斯统计提供了一种解释数据的强大方法，因为它可以整合先验信息和不确定性来源，并明确比较对竞争模型或参数值的支持强度（Hilborn and Mangel，1997；Ellison，2004）。贝叶斯混合模型建立在一个基本的质量平衡混合模型假设上，对于给定的同位素，混合物的同位素特征 δ_M 如下：

$$\delta_M = f_i \times (\delta_i + \gamma_i) + f_2 \times (\delta_2 + \gamma_2) + \cdots + f_n \times (\delta_n + \gamma_n)$$

式中，f_i 是第 i 个食物来源对混合物的贡献比例；δ_i 是第 i 个食物来源的稳定同位素特征；γ_i 是第 i 个食物来源的 TDF，即同位素特异性判别值或分馏值。

Moore 和 Semmens（2008）率先开发出了基于采样重要性重采样算法（sampling-importance-resampling，SIR）的贝叶斯混合模型 MixSIR。其可以通过数值积分检查食物来源贡献比例向量的后验概率（Rubin，1988）。MixSIR 同时将多个食源、同位素判别因子和同位素特征相关的不确定因素性加入模型中，但是未充分考虑个体差异和数据的误差等不确定性因素（高春霞，2020）。Parnell 等（2010）结合以往模型的不足，充分考虑不确定性，使用马尔科夫链蒙特卡洛模拟（Markov Chain Monte Carlo，MCMC）分析食物来源贡献的概率分布，开发出了 SIAR 模型。SIAR 与 MixSIR 有很多相似的地方，但由于其增加了 MixSIR 中没有的残差项，其与 MixSIR 存在有根本的区别。SIAR 加入了元素浓度的校正，允许各种参数的不确定性，但其缺乏同时结合浓度依赖和个体水平的估计能力（高春霞，2020）。SIAR 曾一度被大量使用，目前 SIAR 包在 R 软件中已停止更新并不再被业内接受。Hopkins 和 Ferguson（2012）针对 SIAR 的不足开发出了 IsotopeR 模型，该模型相比于 SIAR 包含更多的不确定性参数。Kadoya 等（2012）于同年开发了 IsoWeb 模型，该模型基于多营养级食物网定量推算，试图重建整个食物网中所有消费者的食性。但是该模型对样本数据量要求非常高，同时需要食物网拓扑结构来支撑其食物网中的大量摄食关系，目前并未被广泛应用。除了这些模型，一些其他模型也被陆续开发出来，如FRUITS、SISUS、DeSIR等，但同样并未得到广泛的应用（Fernandes et al，2014；Erhardt et al，2014；Kevin，2017）。目前，被广泛接受的稳定同位素混合模型包括Simmr（Stable Isotope Mixing Models in R）和MixSIAR等，其中Simmr是SIAR包的升级版，而MixSIAR整合了MixSIR和SIAR（Parnell et al，2013；Moraes and Henry-Silva，2018；Stock et al，2018）。稳定同位素模型除了在分析食物来源贡献时展现出巨大优势，其在分析生态位重叠问题上同样展现出巨大潜力。SIBER（Stable Isotope Bayesian Ellipses in R）是一种被用于比较群落内或群落间同位素生态位宽幅（重叠）的模型（Jackson et al，2011）。主要稳定同位素模型的总结如表5-2所示。

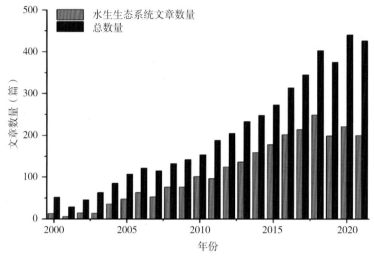

图 5-2　在 Web of Science 中以 "stable isotope" "mixing model" 和 "aquatic" 为主题关键词检索到的发表文章数量（时间范围：2000～2021 年）

蓝色为总的文章数量，橘色为水生生态系统文章数量，数据截至 2022 年 2 月

由于计算机科学的进步，稳定同位素模型得到迅猛的发展，同位素模型在食物网研究中广泛应用，其中水生生态系统的相关研究占据了绝大部分（图 5-2），相比于陆地食物网，稳定同位素模型在研究水生生态系统食物网上具有更多优势。在不同模型使用数量上（图 5-3），IsoSource 在 2003～2012 年期间占据绝对优势，但随着贝叶斯混合模型的发展，从 2013 年开始其使用的占比越来越少。SIAR 从 2010 年开始被广泛应用开来，成为 2010～2018 年间最常用的稳定同位素混合模型之一，但随着其 R 软件包的停止更新，2018 年以后 SIAR 的使用占比逐渐降低，科研工作者转而使用其升级版 Simmr，Simmr 可以提供更加强大和稳定的分析。MixSIAR 和SIBER 在 2015 年前后开始陆续被广泛使用，在近年逐渐发展为主流同位素混合模型。

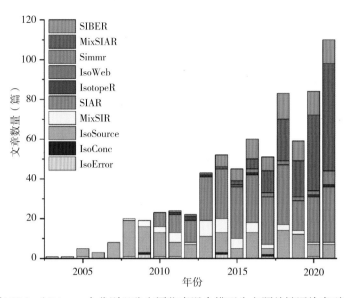

图 5-3　在 Web of Science 中分别以稳定同位素混合模型为主题关键词检索到的发表文章数量（时间范围：2000～2021 年）

数据截至 2022 年 2 月

表 5-2　稳定同位素模型的研究方法、优点与不足

模型	年份	描述	优点	不足	代表文献
线性回归分析	1976	构建食物源的消费者碳同位素线性相关性	最早利用稳定同位素研究动物食物来源的研究	只考虑了一种同位素的相关性	Haines, 1976
线性模型	1981	一种同位素对两种食源进行测定	最早对食源贡献进行定量测定	只能计算一种同位素和两种食源	Fry, 1981
质量守恒模型	1991	质量守恒原理	首次对双同位素和 3 种食源进行计算	只能计算双同位素和 3 种食源	Schwarcz, 1991
欧氏距离混合模型	1997	利用欧几里得距离计算食源贡献	首次采用欧几里得距离计算食源	忽略质量平衡，低估食源贡献，不确定性大	Ben-David et al, 1997
IsoError	2001	提供食物来源贡献的点估计	首次提出食物源同位素的差异与不确定性	只能基于 1 个或 2 个同位素划分 2 种或 3 种食源	Phillips and Gregg, 2001
IsoConc	2002	对消费者和食物来源之间碳、氮含量相差较大的情况进行分析	加入了食物来源和消费者的元素浓度加权	只能基于 1 个或 2 个同位素划分 2 种或 3 种食源	Phillips and Koch, 2002
IsoSource	2003	为了计算更多来源的贡献而开发，并得到广泛应用	适用于多食源分析，界面易操作，结果易提取分析	最大似然法估计，未充分考虑数据的不确定性	Phillips and Gregg, 2003
MixSIR	2008	基于 SIR 拟合算法的贝叶斯混合模型	增加了多个食源、同位素判别因子和同位素特征相关的不确定性	未充分考虑数据的不确定性	Moore and Semmens, 2008

第五章　长岛毗邻海域关键种营养生态

（续）

模型	年份	描述	优点	不足	代表文献
SIAR	2010	基于 MCMC 方法的贝叶斯混合模型，曾被广泛使用	加入了元素浓度的校正，允许参数的不确定性	缺乏同时结合浓度依赖和个体水平估计的能力，目前已停止更新	Parnell et al, 2010
IsotopeR	2012	基于 MCMC 方法的贝叶斯层次分析混合模型	加入了食源同化效率的校正，包含更多的参数不确定性	—	Hopkins and Ferguson, 2012
IsoWeb	2012	多营养级食物网定量推算	重建整个食物网中所有消费者的食性	对样本数据要求很高，需要拓扑结构	Kadoya et al, 2012
Simmr	2013	SIAR 的升级版，包含了不确定性、浓度依赖及大量来源分析	更复杂的模型、简单的用户界面和更高级的绘图	只能对同一生态系统的食物来源贡献进行分析	Parnell et al, 2013
FRUITS	2014	基于 MCMC 方法的贝叶斯混合模型	加入了食源的营养成分（蛋白质、脂肪）的校正，将同位素路径纳入	—	Fernandes et al, 2014
MixSIAR	2018	整合了 MixSIR 和 SIAR，是一个强大的、丰富的、灵活的贝叶斯示踪混合模型框架	将固定和随机效应作为协变量，解释混合比例的可变性，并通过信息标准计算对多个模型的相对支持度	目前最强大的贝叶斯混合模型，可以对多个生态系统同时进行分析	Stock et al, 2018
SIBER	2011	用来比较"两个生态系统"	可用来比较群落间和群落内同位素生态位宽度	—	Jackson et al, 2011

相较于国外，稳定同位素技术在我国生态学研究中起步较晚，但发展迅速，已取得许多重要的进展。2006 年，美国生态学家 Brian Fry 撰写出版了 *Stable Isotope Ecology* 一书，这是世界范围内第一本系统论述稳定同位素生态学的著作，在国际上产生了很大的影响。我国第一本系统且深入描述稳定同位素技术的专著是清华大学林光辉教授的《稳定同位素生态学》，该书 2013 年出版，对稳定同位素技术的相关发展历程、基础知识以及在生态学中的应用进行了系统而深入的阐述（林光辉，2013）。在水域生态系统领域，李忠义等（2005）曾对稳定同位素技术在水域生态系统研究中的应用进行过总结；高小迪等（2018）分析了水生食物网研究方法的发展动态，其分析表明胃含物分析方法在未来仍是不可缺少的研究方法，稳定同位素技术和胃含物分析方法的结合将更有利于重建复杂水生食物网。在稳定同位素构建食物网营养结构方面，稳定同位素基准（基线）的选取尤为重要。徐军等（2010）综述了水域生态系统研究中初级生产者和初级消费者氮稳定同位素作为基准的应用，为后续研究打下了坚实的基础；在海洋领域，陈玲等（2016）对岛礁水域海藻场食物网基准生物的选择进行了评估；在此基础上，贡艺等（2017）又对海洋生态系统（河口、海湾、浅海、大洋及深海）稳定同位素基线的选取进行了综述，分析了影响

长岛毗邻海域底层渔业资源与栖息环境

基线选择的主要因素。稳定同位素虽然在水域生态系统食物网的构建中扮演着越来越重要的角色，但当水生生物样品获取过程存在不确定性时，同样会影响稳定同位素模型分析结果。徐军等（2020）通过数据模拟分析和文献总结的方法，对水域生态学中生物稳定同位素样品采集、处理与保存进行了详细的总结与阐述，进一步完善了稳定同位素样品获取过程的研究规范。王康等（2022）和祝孔豪等（2022）总结了基于稳定同位素的消费者营养来源溯源的方法、过程及评估标准，以期减少稳定同位素模型构建过程中的不确定性因素。在稳定同位素模型的应用方面，高春霞（2020）基于稳定同位素技术与模型对浙江中南部近海渔业生物群落营养结构展开了系统研究；赵永松（2022）基于多种稳定同位素混合模型对长岛毗邻海域关键种摄食生态和食物网营养结构进行了系统研究。

二、 主要模型

（一）Simmr

Simmr是一个R包，是旨在贝叶斯框架内解决稳定同位素数据的混合方程。它是SIAR包的升级版，可以长期替代以前广泛使用的SIAR包。两者虽然包含许多相同的特性，但Simmr包含一个更加复杂的混合模型、一个更简单的用户界面和更高级的绘图功能。Simmr来自Paenell等（2013）发表在 *Environmental Metrics* 论文中的代码，相比SIAR，其有一个更丰富的混合模型；Simmr软件包使用JAGS（Just Another Gibbs Sampler）程序来运行稳定同位素混合模型。在安装Simmr之前，请访问JAGS网站下载和安装JAGS。Simmr还支持使用ggplot2来绘制更美观的图片。

当食物来源种类较多时，模型可能无法分清相似的食物来源，从而大大增加模型结果的不确定性，因此可以依据食物来源的同位素空间（Isospace）位置、聚类分析结果和生态上较为接近等先验信息对相似食源进行合并，也可通过模型分析后的后验信息将相似食源的贡献比例合并。Simmr提供了合并相似食源的"combine_sources"函数，可依据分析结果对相似食源进行后验组合。除此以外，Simmr还可对不同食物来源对多种物种或种群的贡献展开研究。

王康等（2022）基于实测同位素数据，通过统计检验、营养来源先验信息校正，通过Simmr构建系列贝叶斯模型，总结了基于稳定同位素的消费者营养来源溯源的方法与过程。

（二）MixSIAR

MixSIAR是一个R包，可以创建和运行贝叶斯混合模型来分析生物示踪剂（例如稳定同位素、脂肪酸等），不仅可以分析单个生态系统，还可对多生态系统同时进行分析；不仅在动物食物来源贡献研究上应用广泛，还可分析植物根系对不同来源水分的吸收利用情况等（周艳清等，2021），是目前为止最强大、丰富和灵活的贝叶斯混合模型。MixSIAR是MixSIR、SIAR和IsoSource背后的研究者们共同协作编码的成果（Brice Semmens、Brian Stock、Eric Ward、Andrew Parnell、Donald Phillips和Andrew Jackson）。其融合了自MixSIR和SIAR以来贝叶斯混合模型理论几年来的进步，包括：（1）任何数量的生物示踪剂（例如1种同位素、2种同位素、8个脂肪酸和22个脂肪酸）；（2）源数据在模型中符合层次结构，按分类协变量划分的源数据（例如按地区划分的源数据）；（3）分类协变量最多2个，可选择建模为随机或固定、嵌套或独立；（4）连续协变量最多一个；（5）带有协方差的误差结构选型（残差）；（6）浓度依赖性；（7）绘制并包含"uninformative""generalist"或"informative priors"；（8）使用LOO/WAIC权重拟合多个模型并比较相对支持度。详细信息请参考Stock等（2018）发表的文章，文章详细描述了MixSIAR模型的方程，对4个常见问题（错误结构、先验、组合来源和协变量）进行了解释并提出了建议，且讲述了一个突出新功能的案例。

需要值得注意的是，MixSIAR支持在先验信息中提供不同食物来源的实际构成比例，如在实际环境中的数量占比等，研究者可以根据实际生物量信息提供更加可靠和丰富的先验信息。

（三）SIBER

稳定同位素模型除了用于分析食物来源对混合物的贡献，还可以用于比较生态位的重叠程度。利用稳定同位素数据推断群落结构和群落成员生态位宽幅的方法使用越来越普遍（Bearhop et al，2004）。但由于无法使用描述性指标对单个群落进行统计学上的比较，其全面应用受到了阻碍（Quevedo et al，2009）。Jackson等（2011）通过在贝叶斯框架中重新制定度量标准来解决这些问题，考虑了采样数据中的不确定性和采样过程中产生的误差，开发了一种基于多元椭圆的度量方法，以代替之前最常使用的凸多边形方法。传统的凸多边形容易受到样本数量强烈的影响，而与凸多边形不同的是，椭圆在样本大小方向是无偏的，并且通过贝叶斯推断允许它们在包含不同样本大小的数据集之间进行稳健性比较，为比较群落内和群落间的生态位宽幅提供了有力的手段（Jackson et al，2011）。

三、 模型应用条件

（一）模型能否被应用

虽然现如今基于贝叶斯框架的同位素混合模型已经非常强大，但研究人员在进行相关分析前，应该充分考虑研究内容与同位素数据能否应用于稳定同位素混合模型（Phillips et al，2014）。例如以下情况通常不适合运用稳定同位素混合模型：（1）不知道食物来源的新研究系统。研究人员要知道所研究物种可能有哪些不同的食物来源。食物来源鉴定通常可以通过传统方法如胃含物分析、粪便分析、文献查找等获取相关信息。需要注意的是，消费者的稳定同位素特征是由被同化的食物来源共同决定的，而不是被摄食的食物来源。因为被摄食的食物不一定会被消化吸收用于自身生长发育（Votier et al，2003）。（2）不同食物来源间稳定同位素差异不大。通常要求不同食物来源之间的稳定同位素比率要具有显著性差异，避免模型在分析过程中无法区分不同的食物来源，造成较大的误差与不确定性。（3）某种食物来源稳定同位素特征在消费者移动的空间尺度上具有较大的差异（Phillips et al，2014）。（4）食物来源组成或同位素比率相比于采样消费者组织的同化时间具有较大时间尺度变化（Layman et al，2012）。

（二）食物来源的数量、时间和地理空间

确定了食物来源之后，还应对其进行筛选与整合，如合并相似的食物来源。由于同位素混合模型要求尽可能包含所有的食源，其对缺失的食源十分敏感（Parnell et al，2013）。这就要求研究人员尽可能对所有食物来源进行采样（Parnell et al，2010）。但食源数量增加同样会增加模型分析中的不确定性（Phillips et al，2014）。所以，在不排除来源的情况下，应尽可能减少食源种类。通常，当食源种类高于6种时，混合模型精度开始明显下降（Phillips et al，2014）。因此，当食物来源种类过多时，可以对同位素空间（Isospace）或生物学特征相似的食源进行合并，以减少模型分析的不确定性。食物来源同位素特征在不同时间和空间上的差异往往很大。研究人员在进行实验设计时应充分考虑到这些影响因素，尽可能降低其对模型分析结果不确定性的影响。

（三）样品数量和代表性

样品数量和代表性可能会对混合模型分析的准确程度产生巨大影响。贝叶斯混合模型使用用户提供的均值和方差来代表每种食物来源同位素特征的不确定性，当每种食物来源样本数量较少（<20），或者代表性较差时，其均值和方差可能存在较大的误差，不能充分代表总体（Ward et al，2010）。由于采样时间、采样费用和同位素样品检测费用等因素影响，研究者应尽可能提高样品代表性，并且在样本大小和模型精度之间进行权衡，尽可能降低模型分析结果的不确定性。

（四）TDF

同位素分馏是指由于同位素质量不同，在物理、化学及生物化学作用过程中一种元素的不同同位素在两种或两种以上物质之间的分配具有不同的同位素比值的现象，消费者组织的TDF通常表示同位素分馏的程度（DeNiro and Epstein，1976）。不同环境不同组织的TDF可能存在较大的差异（Ben-David et al，1997）。能够影响TDF的因素有很多，这也是导致使用稳定同位素混合模型分析食物来源贡献最大的不确定性之一。如今许多混合模型已经可以预先输入TDF和其标准差，用来解释分析中的不确定性。研究人员应该结合自身研究区域、研究对象、不同食物来源和消费者组织，参考邻近区域的相关研究，确定合理的TDF。通常，δ^{13}C在相邻的两个营养级间的TDF为0.4‰～1.0‰，δ^{15}N在相邻两营养级间的TDF为3.0‰～5.0‰（祝孔豪等，2022）。

（五）消费者与凸多边形

消费者的碳、氮稳定同位素的空间位置通常需要大部分落在食物来源同位素值组成的混合凸多边形内（在碳、氮双位图中，用线连接各食物来源的同位素点，创建以这些食物来源为顶点的凸多边形），在此情形下，这些食物来源同位素值才能共同形成消费者（混合物）稳定同位素特征（图5-4）。若消费者没有落在凸多边形内部，则说明该研究缺少食物来源，即目前食物来源无法同化构成消费者的同位素特征（图5-4）。

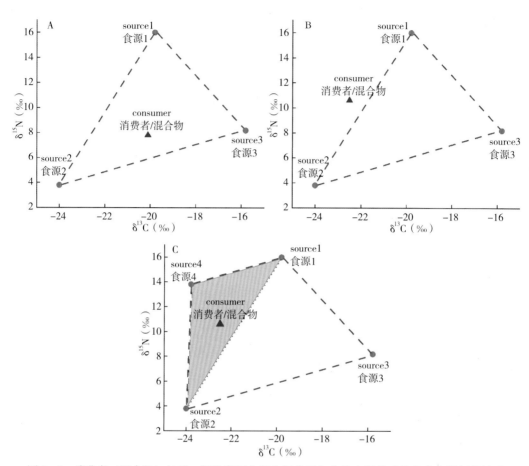

图 5-4　消费者（混合物）的碳、氮稳定同位素空间位置与食物来源构成的凸多边形间的关系

　　A 为消费者同位素空间位置落在凸多边形内部；B 为落在外部，即缺少食物来源；C 为补充食物来源后消费者的同位素空间位置落在凸多边形内部

（六）浓度依赖值

　　如果食物来源同位素元素浓度有很大的差异，应在模型中将浓度依赖考虑进去。因为在应用同位素混合模型分析消费者食物来源贡献时，模型通常会假设每个来源对消费者贡献的碳比例与氮比例相同。如果碳和氮元素浓度差别很大，可能会导致模型分析中存在较大的误差。

（七）不确定性

　　由于食物来源和消费者的样本数量、同位素组成、TDF、元素浓度等都存在一定程度的差异性与不确定性，导致混合模型分析结果一定存在不确定性。研究人员在表述模型输出结果时，应该更加谨慎，尽量避免只使用贡献的均值，表述出贡献比例估计的分布，避免结果的唯一性，充分地将结果的不确定性考虑进去。

　　此外，当模型不能很好地区分食物来源或解析食物来源贡献时，仍然会寻求一个最优解，这给解释食物来源的贡献造成了困难，加上模型中各种不确定性，这就需要对模型性能与拟合结果进行评估。祝孔豪等（2022）综述了评估贝叶斯混合模型拟合结果优劣的一般方法，通过应用这些方法，可进一步降低模型分析的不确定性，使其更好地符合实际的生态学理论。

四、 总结与展望

稳定同位素技术已经有相当久的发展历程，各种稳定同位素模型的出现也加深了同位素技术在食物网领域的应用，这些模型具有强大的分析能力，为科研工作者分析食物网结构提供了有力的手段，然而由于同位素模型的局限性，研究者在选取模型分析同位素数据时更应该注意相关前提条件与现实生态意义，同时还要依据实际实验条件制订合理的野外调查和实验处理方案，避免造成同位素模型错误分析与滥用，尽可能降低模型分析结果的不确定性。

由于同位素混合模型要求对消费者的食物来源具有一个明确的认识，目前传统的胃含物分析方法仍旧是食物网及稳定同位素模型分析的基础，并且发挥着重要的作用。但是传统胃含物分析和文献查阅方法可能常常无法满足某些物种食物来源划分，因此，在未来研究中可以结合更加先进的划分方法，如结合分子生物学技术来鉴定食物来源，多种方法结合更有利于提高模型分析的准确性与可信性。

第三节　关键种食物来源贡献

一、 关键种同位素特征

白姑鱼、矛尾虾虎鱼、口虾蛄和日本鼓虾的碳、氮同位素分布如图 5-5 所示。其中，共测得白姑鱼稳定同位素样品 32 个，$\delta^{13}C$ 范围为 $-21.95‰\sim-18.76‰$，平均值为 $-20.32‰\pm0.70‰$；$\delta^{15}N$ 范围为 $9.92‰\sim13.5‰$，平均值为 $11.77‰\pm0.86‰$。测得矛尾虾虎鱼稳定同位素样本 32 个，$\delta^{13}C$ 范围为 $-21.91‰\sim-18.12‰$，平均值为 $-20.27‰\pm0.99‰$；$\delta^{15}N$ 范围为 $10.42‰\sim13.19‰$，平均值为 $11.81‰\pm0.55‰$。测得口虾蛄稳定同位素样本 30 个，$\delta^{13}C$ 范围为 $-21.87‰\sim-18.06‰$，平均值为 $-19.94‰\pm1.07‰$；$\delta^{15}N$ 范围为 $6.83‰\sim13.06‰$，平均值为 $10.49‰\pm1.32‰$。测得日本鼓虾稳定同位素样本 32 个，$\delta^{13}C$ 范围为 $-20.51‰\sim-17.02‰$，平均值为 $-18.77‰\pm0.83‰$；$\delta^{15}N$ 范围为 $7.7‰\sim11.64‰$，平均值为 $10.13‰\pm0.86‰$。其中口虾蛄的稳定同位素分布范围较广（表 5-3）。

表 5-3　4 种关键种的碳、氮同位素比值

类别	样本数量（个）	$\delta^{13}C\pm$标准差（‰）	$\delta^{13}C$ 范围（‰）	$\delta^{15}N\pm$标准差（‰）	$\delta^{15}N$ 范围（‰）
白姑鱼	32	-20.32 ± 0.70	$-21.95\sim-18.76$	11.77 ± 0.86	$9.92\sim13.5$
矛尾虾虎鱼	32	-20.27 ± 0.99	$-21.91\sim-18.12$	11.81 ± 0.55	$10.42\sim13.19$
口虾蛄	30	-19.94 ± 1.07	$-21.87\sim-18.06$	10.49 ± 1.32	$6.83\sim13.06$
日本鼓虾	32	-18.77 ± 0.83	$-20.51\sim-17.02$	10.13 ± 0.86	$7.70\sim11.64$

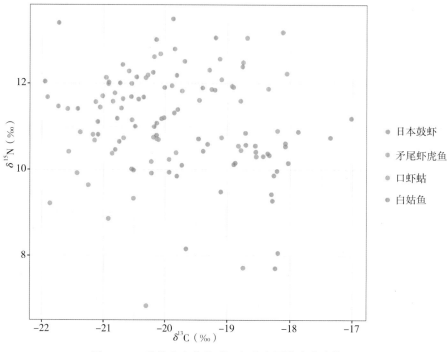

图 5 - 5　4 种渔业生物的碳、氮稳定同位素分布情况

二、白姑鱼食物来源贡献

依据实际的胃含物观测结果与石首鱼科鱼类的食性分析文献（Xie et al，2021；张波等，2008；杨璐等，2016；王军等，1994；易晓英，2021），确定长岛毗邻海域白姑鱼食物来源种类主要为小型底层生物，包括小型甲壳类（主要为日本鼓虾）、虾虎鱼类、日本枪乌贼、小型口虾蛄、浮游动物和 SOM（沉积颗粒有机物）。这几种饵料生物的碳、氮同位素比值如表 5 - 4 所示。基于 Simmr 做出白姑鱼与 6 种食物来源的同位素空间图（图 5 - 6）。该图所展示的同位素空间位置不同于普通的二维散点图。区别在于 Isospace 将食物来源的碳、氮同位素数据分别加上了碳、氮 TDF，能够更清晰地展示混合物（消费者）与食物来源（饵料生物）间的同位素空间位置关系。本研究中的TDF 为 δ^{15}N 3.24‰±0.62‰ 和 δ^{13}C 1.3‰±0.4‰，δ^{13}C 来自参考文献，δ^{15}N 来自本研究。

表 5 - 4　白姑鱼 6 种食物来源的同位素比值

类别	样本数量 （个）	δ^{13}C±标准差 （‰）	δ^{13}C 范围 （‰）	δ^{15}N±标准差 （‰）	δ^{15}N 范围 （‰）
小型甲壳类	67	−18.42±0.86	−20.51～−16.74	10.23±0.91	7.70～11.64
虾虎鱼类	68	−20.18±1.00	−21.91～−18.12	11.72±0.63	10.31～13.19
日本枪乌贼	15	−20.30±1.91	−21.77～−17.50	10.98±0.90	9.69～11.77

类别	样本数量 （个）	$\delta^{13}C\pm$标准差 （‰）	$\delta^{13}C$ 范围 （‰）	$\delta^{15}N\pm$标准差 （‰）	$\delta^{15}N$ 范围 （‰）
口虾蛄	30	-19.94 ± 1.08	$-21.87\sim-18.06$	10.49 ± 1.34	$6.83\sim13.06$
浮游动物	15	-24.16 ± 1.59	$-25.34\sim-20.37$	4.49 ± 1.66	$2.12\sim7.65$
SOM	11	-21.38 ± 0.28	$-21.85\sim-20.69$	4.7 ± 2.11	$0.85\sim8.96$

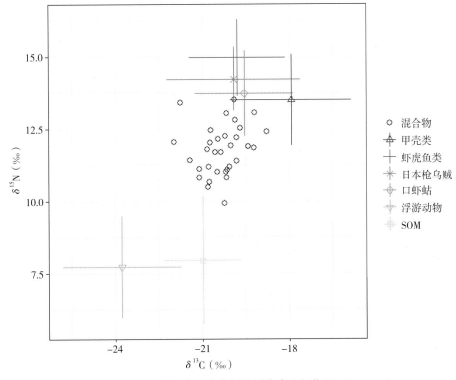

图 5-6　白姑鱼与食物来源的同位素空间位置（Isospace）

Simmr 的分析结果如图 5-7、图 5-8 和表 5-5 所示。其中图 5-7 为贝叶斯统计得到的所有食物来源贡献的可能结果概率分布箱体图，该图包含了贝叶斯模型分析中的不确定性，箱体越宽，代表食物来源贡献的不确定性越大。图 5-8 为模型输出结果的矩阵图，该图表达了食物来源间的相关性和关系的等高线图。较大的负相关表明模型不能较好地区分两个源，这两种源在同位素空间中位置接近；当混合物处在由多个相互竞争的源组成的多边形中时，可能出现较高的正相关性。一般来说，高相关性（负的或正的）表明模型无法确定哪些食物来源正在被消耗，这是稳定同位素混合模型不可避免的一部分。这两个图是贝叶斯混合模型分析中最重要的。由 Simmr 分析结果可知，白姑鱼的各种食物来源贡献均值均在 11.4%～22.9%。其中贡献最高的食物来源为以日本鼓虾为主的小型甲壳类，达到了 22.9%±9%；其次为浮游动物和 SOM，两者贡献相似，分别为 18.2%±6.9% 和 18.2%±8.6%；贡献最低的为日本枪乌贼，为 11.4%±

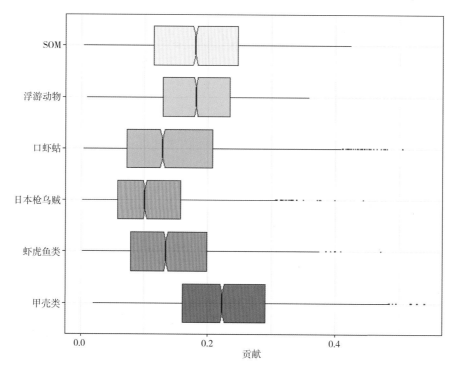

图 5-7　白姑鱼 6 种食物来源贡献的箱体图

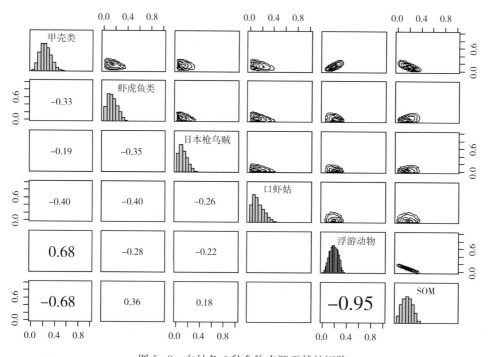

图 5-8　白姑鱼 6 种食物来源贡献的矩阵

图中对角线上为不同食物来源贡献的直方图，对角线右侧为不同来源间关系的等高线图，对角线左侧数值代表不同来源间的相关系数。高相关性（负的或正的）表明模型无法确定哪些食物来源正在被消耗，这是稳定同位素混合模型不可避免的一部分

7%。SOM 和浮游动物表现出较高的负相关性（-0.94），表明二者具有相似的同位素空间范围，模型可能无法较好地区分二者。白姑鱼属于底层鱼类，其食物来源较多属于底栖类的小型生物，其中贡献最高的是以日本鼓虾为主的小型甲壳类。除了甲壳类，白姑鱼对其他食物来源表现出较均衡的摄食偏好，体现出其杂食性的特点。对模型输出结果验证，符合算法收敛性和模型拟合度的要求。

表 5-5　白姑鱼食物来源贡献 Simmr 分析结果汇总

类别	平均值	标准差 SD	2.5%	25%	50%	75%	97.5%
甲壳类	0.229	0.090	0.072	0.161	0.223	0.291	0.416
虾虎鱼类	0.144	0.081	0.022	0.080	0.135	0.199	0.318
日本枪乌贼	0.114	0.070	0.017	0.058	0.102	0.158	0.274
口虾蛄	0.148	0.095	0.019	0.072	0.129	0.208	0.372
浮游动物	0.182	0.069	0.052	0.130	0.182	0.235	0.308
SOM	0.182	0.086	0.033	0.115	0.181	0.248	0.346

三、矛尾虾虎鱼食物来源贡献

依据实际的胃含物观测结果与邻近海域的虾虎鱼类的食性分析文献（韩东燕等，2013；张衡等，2018；隋昊志等，2017；朱美贵等，2016；韩东燕等，2016），确定长岛毗邻海域矛尾虾虎鱼的食物来源种类包括软体动物、底栖鱼类、SOM、甲壳类（主要为日本鼓虾）和浮游动物。这几种饵料生物的碳、氮同位素比值如表 5-6 所示。矛尾虾虎鱼与 5 种食物来源的同位素空间如图 5-9 所示。

表 5-6　矛尾虾虎鱼 5 种食物来源的同位素比值

类别	样本数量（个）	$\delta^{13}C\pm$标准差（‰）	$\delta^{13}C$ 范围（‰）	$\delta^{15}N\pm$标准差（‰）	$\delta^{15}N$ 范围（‰）
软体动物	15	-19.33 ± 0.84	$-21.76\sim-17.50$	8.52 ± 0.78	$7.29\sim11.77$
底栖鱼类	88	-20.05 ± 1.19	$-22.53\sim-15.10$	11.76 ± 0.73	$9.12\sim13.32$
SOM	11	-21.38 ± 0.28	$-21.85\sim-20.69$	4.70 ± 2.11	$0.85\sim8.96$
甲壳类	97	-18.70 ± 1.04	$-21.18\sim-15.44$	10.30 ± 1.75	$6.24\sim12.98$
浮游动物	15	-24.16 ± 1.59	$-25.34\sim-20.37$	4.49 ± 1.66	$2.12\sim7.65$

Simmr 的分析结果如图 5-10、图 5-11 和表 5-7 所示。由 Simmr 分析结果可知，矛尾虾虎鱼的各种食物来源贡献均值在 10%～30%，表现出对日本鼓虾为主的小型甲壳类的高摄食偏好，其余食物来源偏好较均衡。以日本鼓虾为主的小型甲壳类的贡献为29.9%±10.2%。其次为浮游动物和底栖鱼类，分别为 22.1%±4.7% 和 21.4%±7.5%。贡献最低的食源为 SOM，为 10.5%±5.6%。甲壳类和软体动物的贡献分布不确定性更大。SOM 和浮游动物表现出较高的负相关性（-0.82），表明二者具有相似的同位素空间范围，模型可能无法较好地区分二者。对模型输出结果验证，符合算法收敛性和模型拟合度的要求。

矛尾虾虎鱼属于近岸小型底栖鱼类，在长岛毗邻海域的生物量十分丰富，属于岛礁性的本地种，其食物来源中贡献最高是以日本鼓虾为主的小型甲壳类。除了甲壳类，矛尾虾虎鱼对其他食物来源表现出较均衡的摄食偏好，体现出其杂食性的特点。

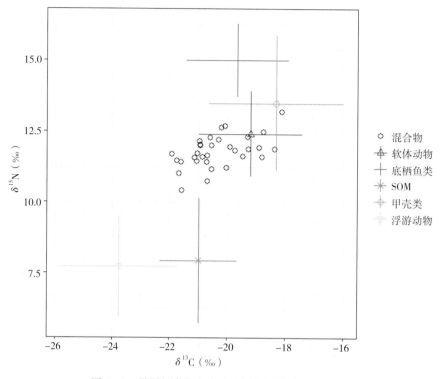

图 5-9　矛尾虾虎鱼与食物来源的同位素空间位置

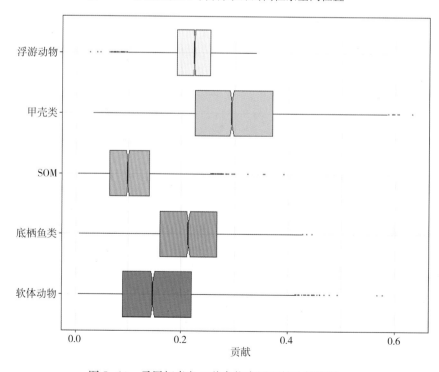

图 5-10　矛尾虾虎鱼 5 种食物来源贡献的箱体图

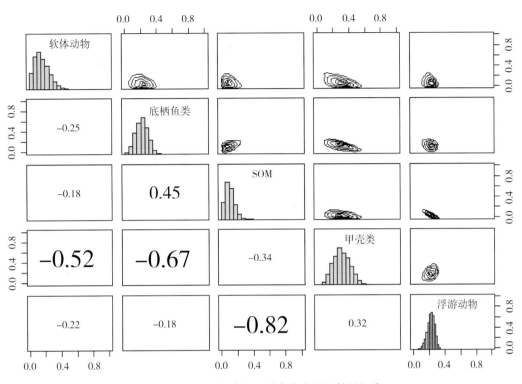

图 5-11 矛尾虾虎鱼 5 种食物来源贡献的矩阵

图中对角线上为不同食物来源贡献的直方图，对角线右侧为不同来源间关系的等高线图，对角线左侧数值代表不同来源间的相关系数。高相关性（负的或正的）表明模型无法确定哪些食物来源正在被消耗，这是稳定同位素混合模型不可避免的一部分

表 5-7　矛尾虾虎鱼合并食物来源后的贡献（Simmr 分析结果汇总）

类别	平均值	标准差 SD	2.5%	25%	50%	75%	97.5%
软体动物	0.161	0.092	0.025	0.090	0.147	0.220	0.373
底栖鱼类	0.214	0.075	0.072	0.160	0.214	0.267	0.359
SOM	0.105	0.056	0.020	0.063	0.098	0.140	0.232
甲壳类	0.299	0.102	0.113	0.225	0.294	0.370	0.502
浮游动物	0.221	0.047	0.119	0.192	0.224	0.254	0.303

四、 口虾蛄食物来源贡献

依据实际的口虾蛄胃含物观察结果与邻近海域口虾蛄的食性分析文献（徐善良等，1996；盛福利，2009；宁加佳，2016；杨纪明，2021），确定长岛毗邻海域口虾蛄的食物来源种类包括 SOM、贝类、底栖鱼类、浮游动物、海胆和甲壳类。这几种饵料生物的碳、氮同位素比值如表 5-8 所示。口虾蛄与 6 种食物来源的同位素空间

如图 5-12 所示。

表 5-8　口虾蛄 6 种食物来源的同位素比值

类别	样本数量 （个）	$\delta^{13}C\pm$标准差 （‰）	$\delta^{13}C$ 范围 （‰）	$\delta^{15}N\pm$标准差 （‰）	$\delta^{15}N$ 范围 （‰）
SOM	11	-21.38 ± 0.28	$-21.85\sim-20.69$	4.7 ± 2.11	$0.85\sim8.96$
贝类	15	-19.33 ± 0.84	$-21.76\sim-17.50$	8.52 ± 0.78	$7.29\sim11.77$
底栖鱼类	88	-20.05 ± 1.19	$-22.53\sim-15.10$	11.76 ± 0.73	$9.12\sim13.32$
浮游动物	15	-24.16 ± 1.59	$-25.34\sim-20.37$	4.49 ± 1.66	$2.12\sim7.65$
海胆	15	-23.86 ± 1.26	$-25.43\sim-22.38$	7.36 ± 1.50	$5.78\sim9.60$
甲壳类	97	-18.70 ± 1.04	$-21.18\sim-15.44$	10.30 ± 1.03	$6.24\sim12.98$

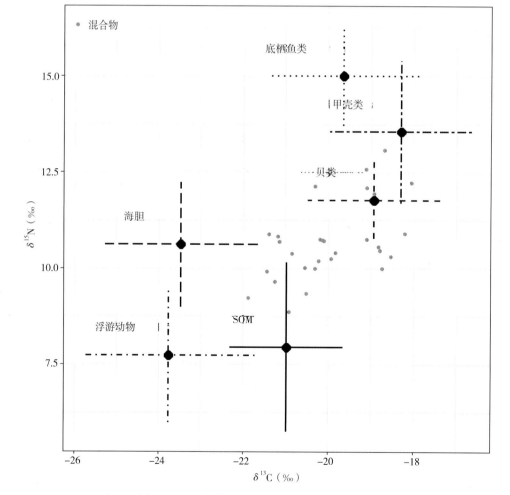

图 5-12　口虾蛄与食物来源的同位素空间示意

相比于白姑鱼和矛尾虾虎鱼所用的 Simmr，对于口虾蛄的分析采用了更加强大的 MixSIAR 模型，以降低模型在分析此类不易观察胃含物的海洋生物时的不确定性。MixSIAR 的分析结果如图 5‐13、图 5‐14 和表 5‐9 所示。其中图 5‐13 是口虾蛄食物来源贡献比例分布密度图，展现了贝叶斯统计出的所有可能结果的分布趋势。由 MixSIAR 分析结果可知，口虾蛄对各类食物来源的选择性更大，体现在不同的食物来源贡献差异上，其各种食物来源贡献均值从 8.2% 到 32.5% 不等。其中贡献最高的食物来源为贝类，均值为 32.5%±15.8%，但不确定性较大。排在第 2 的是 SOM，可能的贡献均值为 26.6%±10.7%；第 3 为甲壳类，可能的贡献均值为 17.2%±11%；浮游动物、底栖鱼类和海胆的贡献较低，均值均不足 10%，分别为 9.2%±6.7%、8.2%±6.4% 和 6.4%±5.2%。甲壳类和贝类（−0.75）、SOM 和浮游动物表现出较高的负相关性（−0.67）。对模型输出结果验证，符合算法收敛性和模型拟合度的要求。

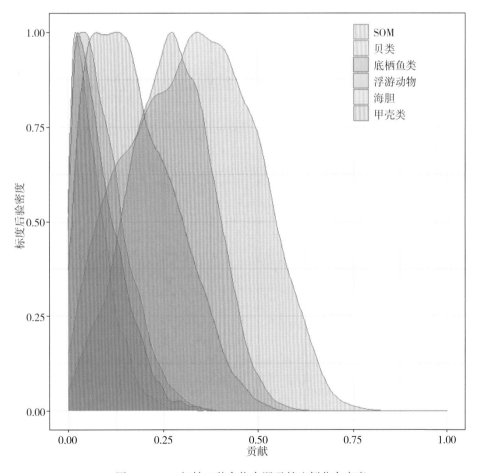

图 5‐13　口虾蛄 6 种食物来源贡献比例分布密度

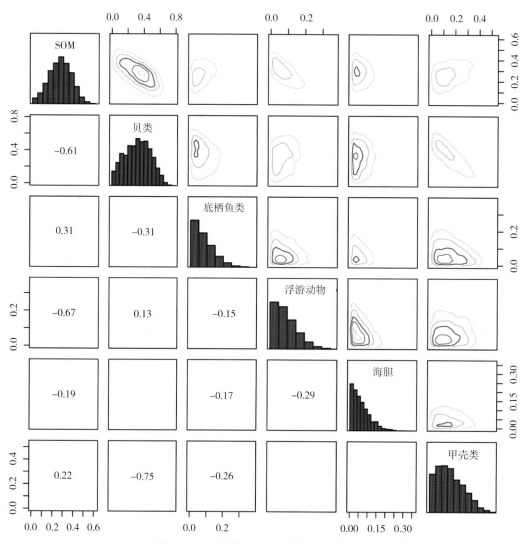

图 5-14　口虾蛄 6 种食物来源贡献的矩阵

图中对角线上为不同食物来源贡献的直方图，对角线右侧为不同来源间关系的等高线图，对角线左侧数值代表不同来源间的相关系数。高相关性（负的或正的）表明模型无法确定哪些食物来源正在被消耗，这是稳定同位素混合模型不可避免的一部分

表 5-9　口虾蛄食物来源贡献（MixSIAR 分析结果汇总）

类别	平均值	标准差 SD	2.5%	25%	50%	75%	97.5%
SOM	0.266	0.107	0.054	0.079	0.191	0.269	0.342
贝类	0.325	0.158	0.037	0.067	0.203	0.329	0.444
底栖鱼类	0.082	0.064	0.003	0.006	0.031	0.067	0.119
浮游动物	0.092	0.067	0.005	0.008	0.039	0.079	0.131

类别	平均值	标准差 SD	2.5%	25%	50%	75%	97.5%
海胆	0.064	0.052	0.003	0.005	0.023	0.052	0.091
甲壳类	0.172	0.110	0.011	0.020	0.083	0.156	0.247

口虾蛄更倾向于摄食贝类，其次为 SOM 和甲壳类，对浮游动物、底栖鱼类和海胆的选择性较低，这与其他人的研究结果相似。宁加佳等（2016）曾基于稳定同位素混合模型（SIAR）对汕尾红海湾的口虾蛄的食物来源贡献进行过分析，发现贝类为口虾蛄的主要食物来源，平均贡献达到了 38.6%（本研究为 32.5%），其次为蟹类、桡足类和虾类，而鱼类的贡献最低，为 8.9%（本研究为 8.2%）。口虾蛄对不同食物来源的选择性可能主要取决于口虾蛄的生理结构、生活习性与捕食能力（宁加佳等，2016；王春琳等，1996）。口虾蛄的视力虽然较好，但由于其海底穴居的习性，海底的能见度往往不高，其主要依靠嗅觉、触角和化学传感器等功能展开捕食（王春琳等，1996）。当它利用上述功能发现猎物时，会突然发起猛烈的进攻，而猎物的反应能力与移动能力决定了口虾蛄能否顺利地对其进行捕食。鱼类的移动能力较强，相比于不善于移动的贝类、海胆等生物，口虾蛄捕食鱼类需要消耗更多的时间与能量，而动物通常倾向于摄食更加易于获取的猎物，这就造成了口虾蛄对贝类等不善于游泳的生物的优先捕食选择性。又由于口虾蛄拥有强大的第 2 颚足，能够将贝类的壳击碎，所以贝类成了口虾蛄最主要的摄食对象（盛福利等，2009）。贝类和海胆共同贡献了口虾蛄接近 40% 的食物来源，可见口虾蛄对不善于移动的猎物的摄食选择性很强。由于口虾蛄喜好穴居于海洋底部（王春琳等，1996），SOM 也对其食物来源贡献较高。

贝类和海胆是长岛毗邻海域岛礁类底层生物的代表，主要摄食大型藻类，广泛分布于该海域的海藻场，口虾蛄对贝类和海胆的高摄食选择性可能表征出该海域生态系统食物网潜在的关键食物链：大型藻类-贝类、海胆-口虾蛄。

五、 日本鼓虾食物来源贡献

依据实际的胃含物观测结果与邻近海域鼓虾类的食性分析文献（杨纪明，2001），确定长岛毗邻海域日本鼓虾的潜在食物来源种类包括 POM、SOM、贝类、浮游动物、浮游植物、小型虾蟹类和小型鱼类。这几种饵料生物的碳、氮同位素比值如表 5-10 所示。日本鼓虾与 7 种食物来源的同位素空间如图 5-15 所示。

表 5-10 日本鼓虾 7 种食物来源的同位素比值

类别	样本数量（个）	$\delta^{13}C\pm$标准差（‰）	$\delta^{13}C$ 范围（‰）	$\delta^{15}N\pm$标准差（‰）	$\delta^{15}N$ 范围（‰）
POM	11	−25.14±1.24	−26.54～−22.29	3.23±1.73	1.38～7.59
SOM	11	−21.38±0.28	−21.85～−20.69	4.70±2.11	0.85～8.96

类别	样本数量 （个）	δ^{13}C±标准差 （‰）	δ^{13}C 范围 （‰）	δ^{15}N±标准差 （‰）	δ^{15}N 范围 （‰）
贝类	15	−19.05±0.78	−19.82～−17.59	8.79±0.72	7.64～9.56
浮游动物	15	−24.16±1.59	−25.34～−20.37	4.49±1.66	2.12～7.65
浮游植物	12	−19.44±0.80	−21.85～−18.52	4.39±1.99	0.38～7.54
小型虾蟹类	35	−17.89±0.57	−18.73～−16.74	10.38±0.97	7.78～11.59
小型鱼类	15	−20.23±0.89	−21.13～−19.20	11.53±0.71	10.66～12.42

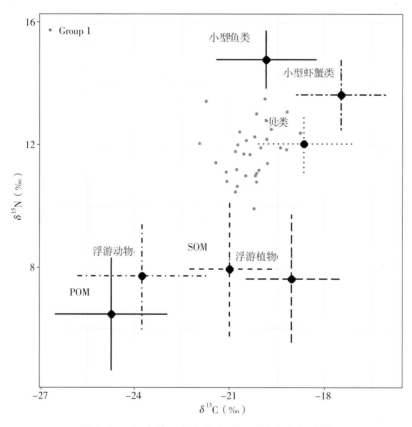

图 5-15 日本鼓虾与食物来源的同位素空间示意

MixSIAR 的分析结果如图 5-16、图 5-17 和表 5-11 所示。由 MixSIAR 分析结果可知，日本鼓虾各种食物来源贡献均值从 6.5% 到 36.6% 不等。其中贡献最高的食物来源为小型鱼类，均值为 36.6%±8.5%。排在第 2 和第 3 的是小型虾蟹类和贝类，可能的贡献均值为 14.8%±9.5% 和 13.6%±10.2%，之后是浮游动物，贡献均值为 10.8%±6.7%。日本鼓虾更倾向于摄食肉类食物；SOM、浮游植物和 POM 的贡献较低，均值均不足 10%，分别为 8.2%±6.5%、6.5%±4.9% 和 9.5%±6%。贝类的贡献不确定性最大。对模型输出结果验证，符合算法收敛性和模型拟合度的要求。

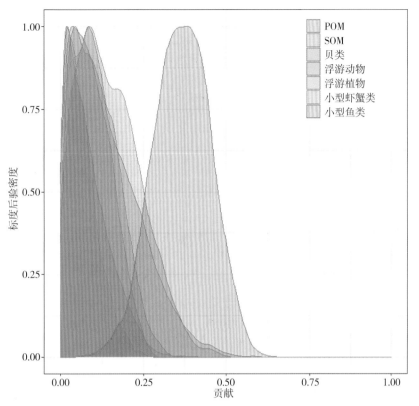

图 5-16　日本鼓虾的 7 种食物来源贡献的贡献比例分布密度

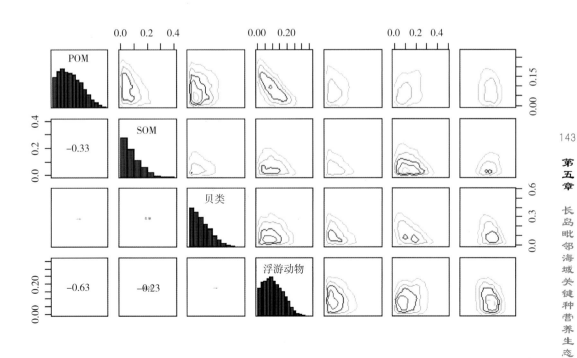

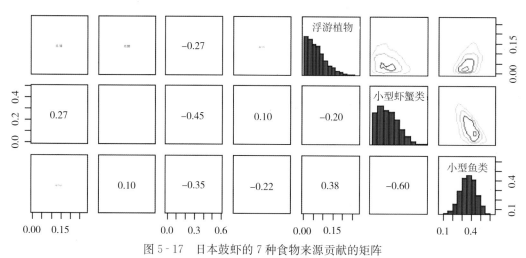

图 5-17　日本鼓虾的 7 种食物来源贡献的矩阵

图中对角线上为不同食物来源贡献的直方图，对角线右侧为不同来源间关系的等高线图，对角线左侧数值代表不同来源间的相关系数。高相关性（负的或正的）表明模型无法确定哪些食物来源正在被消耗，这是稳定同位素混合模型不可避免的一部分

表 5-11　日本鼓虾食物来源贡献（MixSIAR 分析结果汇总）

类别	平均值	标准差 SD	2.5%	25%	50%	75%	97.5%
POM	0.095	0.060	0.006	0.045	0.088	0.137	0.222
SOM	0.082	0.065	0.003	0.030	0.067	0.121	0.234
贝类	0.136	0.102	0.005	0.055	0.116	0.200	0.374
浮游动物	0.108	0.067	0.008	0.053	0.100	0.155	0.250
浮游植物	0.065	0.049	0.003	0.026	0.054	0.092	0.186
小型虾蟹类	0.148	0.095	0.008	0.073	0.136	0.212	0.353
小型鱼类	0.366	0.085	0.196	0.308	0.368	0.427	0.527

　　日本鼓虾对肉类食物的摄食选择性更大，小型鱼类、小型虾蟹类、贝类和浮游动物一共贡献了日本鼓虾 75.8% 食物来源占比。杨纪明（2001）对渤海无脊椎动物的食性进行过研究，他发现贝类（腹足纲和双壳纲）和甲壳类是日本鼓虾的主要食物来源。日本鼓虾生活在泥沙质的浅海中，拥有一大一小的不对称的螯足，其强壮的大螯用来攻击猎物，小螯则用来进食（Versluis et al，2000）。日本鼓虾可以通过迅速地闭合大螯以击出高速水泡来进行攻击，并伴随发出类似于鼓声的声音，这也是其名字的由来（Everest et al，1948）。气泡被周围水体压缩而破裂产生的压力脉冲将小型虾蟹、鱼类击晕乃至杀死，甚至是击碎贝类的外壳，这是日本鼓虾主要的捕食方式（秦诗牧等，2019，2020；牟钰清等，2016）。日本鼓虾虽然体型纤小，但其特殊的身体构造与捕食方式，使其可摄食与其体型相当的小型鱼类、小型虾蟹类和贝类。在目前渤海渔业种类趋于小型化的情形下，日本鼓虾在近岸底栖生态系统中扮演的角色越来越重要，然而目前关于日本鼓虾的生活习性与摄食习性的研究还比较少。

第四节　关键种生态位重叠与种间关系

一、　关键种种间生态位重叠

　　利用 R 软件的 ggplot2 包绘制了 4 种关键种的 40% 水平下的标准椭圆（图 5-18），即圆圈内包含了各物种据点的40%。通过40%水平的标准椭圆，可以直观地初步比较各物种间的生态位。可以看到白姑鱼与矛尾虾虎鱼的生态位有较多的重叠，并且生态位高于口虾蛄；而口虾蛄具有最大的生态位宽度；日本鼓虾作为饵料种处在其余3种关键种的下面。

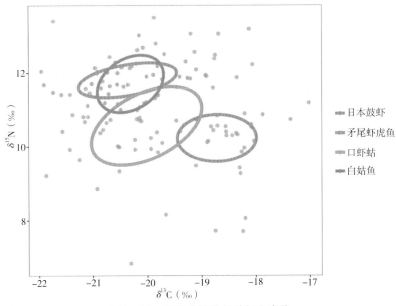

图 5-18　四种关键种的种间生态位

实线圆圈代表40%水平的标准椭圆，即包含所有数据的40%

为了进一步定量研究关键种种间生态位重叠程度，通过 SIBER 计算了 4 种关键种间的 TA、SEA 和 $SEAc$。通常，样本数量越多，TA 和 SEA 会越大，$SEAc$ 则对小样本进行了校正，使其可以和大样本进行比较。图 5-19 展示了这 4 种关键种的生态位重叠程度。详细的数据见表 5-12。

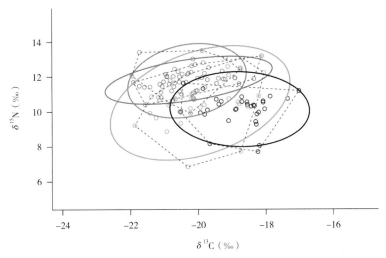

图 5-19　SIBER 绘制的 4 种关键种的种间生态位重叠示意

虚线组成的凸多边形代表 TA，实线圆圈代表 SEA；蓝色代表白姑鱼，红色代表矛尾虾虎鱼，绿色代表口虾蛄，黑色代表日本鼓虾

表 5-12　SIBER 分析结果汇总

物种	TA	SEA	SEAc
口虾蛄	14.991 09	4.240 562	4.397 62
白姑鱼	7.220 165	1.907 079	1.970 648
矛尾虾虎鱼	5.343 335	1.537 535	1.590 554
日本鼓虾	9.290 372	2.317 153	2.394 391

　　SIBER 允许通过贝叶斯统计得到 SEA 的分布，在一定程度上解决了不确定性的问题。图 5-20 展示了基于贝叶斯推断的这 4 个物种各自 SEA 的分布（稳健性比较），可以看出口虾蛄的 SEA 最大，分布范围最广，不确定性也最高。矛尾虾虎鱼的 SEA 最小，分布范围最窄，不确定性也最低。

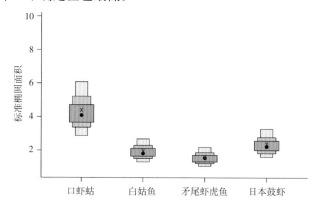

图 5-20　基于贝叶斯推断的 4 种关键种的标准椭圆面积的稳健性比较

图中最深的灰色代表 50% 的置信区间，中等程度的灰色代表 75% 的置信区间，最浅灰色代表 95% 的置信区间

　　利用 nicheROVER 生态位模型计算了 4 种关键种间的生态位重叠情况（图 5-21 和图 5-22）。可以看出，日本鼓虾在矛尾虾虎鱼生态位中出现的概率最低，而矛尾虾虎鱼在白姑鱼生态位中出现的概率非常高，表明二者高度重叠的生态位；而口虾蛄由于其宽

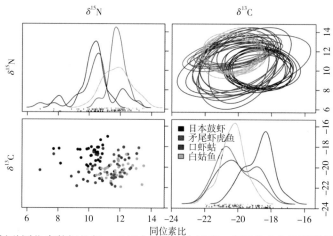

图 5-21　4 种关键种同位素数据的每一对组合的生态位示意、密度分布和原始数据（即三维同位素数据的二元投影）

该图为由贝叶斯分析生成的 10 个随机生态位区域

泛的生态位宽幅，出现在其他 3 种关键种生态位中的概率较为均衡。

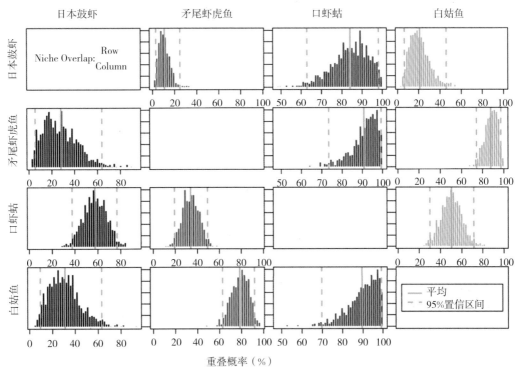

图 5-22　4 种关键种生态位重叠情况

二、　关键种种间关系

捕食者对食物来源的选择取决于多个因素，不同的摄食关系甚至是食性的转变可能都会通过蝴蝶效应对食物网内的能量流动和物质循环产生显著的影响（Nagelkerken et al，2020）。而关键种由于在食物网内具有强大信息交换能力（孙刚和盛喜连，2000），其食性的选择和转变对生态系统内的生物多样性分布和食物网的营养结构变化会产生更加重大的影响。通过对长岛毗邻海域 4 种底层渔业生物关键种食物来源贡献和生态位重叠程度的分析，发现这 4 种关键种对食物来源的选择性上存在着区别与联系。

白姑鱼和矛尾虾虎鱼对以日本鼓虾为主的小型甲壳类均表现出较强的摄食偏好。在进行实际的胃含物观察时，发现日本鼓虾是白姑鱼和矛尾虾虎鱼的主要食物来源（图 5-23 和图 5-24），其在胃含物中甲壳类的占比达到了 80% 以上。稳定同位素混合模型分析结果同样表现出二者对日本鼓虾的强摄食选择性（图 5-25），以日本鼓虾为主的小型甲壳类贡献分别为 22.9%±9% 和 29.9%±10.2%。模型从同位素的角度验证了日本鼓虾对白姑鱼和矛尾虾虎鱼的食物来源的高贡献。除了甲壳类，白姑鱼和矛尾虾虎鱼对其他食物来源的利用较为均衡，没有表现出较强的优先选择性。从图 5-18 和表 5-12 可以看出，白姑鱼和矛尾虾虎鱼的 TA、SEA 和 $SEAc$ 均十分接近，在同位素空间上二者的 40% 标准椭圆几乎重合，生态位重叠程度十分高，处在种间竞争状态。

白姑鱼和矛尾虾虎鱼对以日本鼓虾为主的甲壳类的摄食选择性均为最强，胃含物观察和同位素模型验证均证实了这一点。SIBER 和 nicheROVER 同位素生态位模型表明白姑鱼和矛尾虾虎鱼二者间具有高度重叠的生态位。依据白姑鱼、矛尾虾虎鱼的主要食物来源贡献以及白姑鱼、矛尾虾虎鱼和日本鼓虾三者间的生态位关系，总结出长岛毗邻海域 3 个关键种的种间关系，如图 5-26 所示。日本鼓虾作为白姑鱼和矛尾虾虎鱼的主要饵料生物被二者共同捕食，由于白姑鱼和矛尾虾虎鱼具有相似的食物来源与生存空间，表现出高度重叠的生态位，二者处于种间竞争状态。由于白姑鱼是洄游性鱼种，仅在每年的 5～10 月出现在长岛毗邻海域，其余月份矛尾虾虎鱼由于缺少竞争者的存在，可能出现生物量较大幅度的增长。

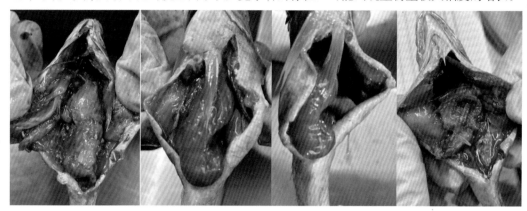

图 5-23　长岛毗邻海域白姑鱼的胃含物，含有大量的日本鼓虾

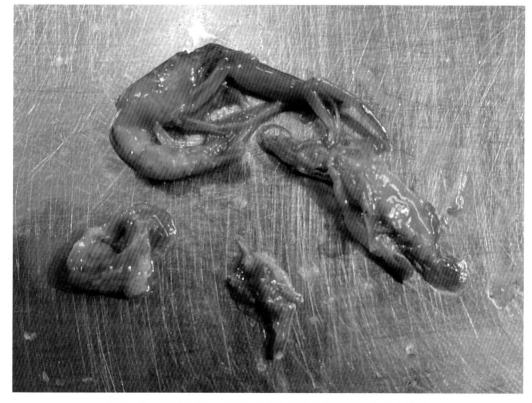

图 5-24　长岛毗邻海域矛尾虾虎鱼的胃含物，主要为日本鼓虾

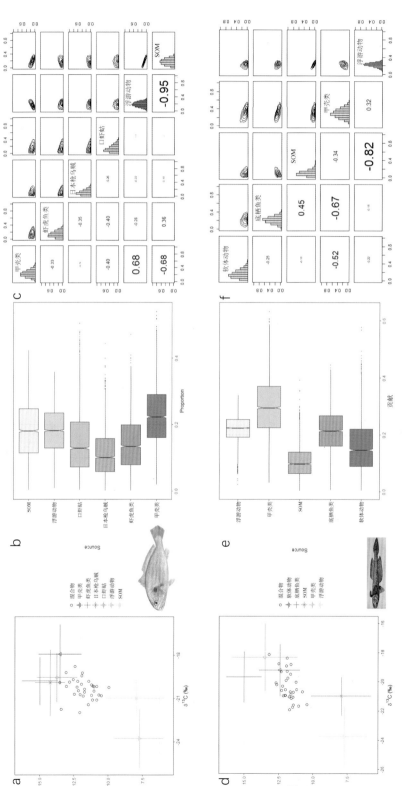

图5-25 白姑鱼和矛尾虾虎鱼具有相似的食物来源贡献

a、b、c分别为白姑鱼与食物来源的Isospace图、食物来源贡献的箱体图和食物来源贡献的matrix图；
d、e、f分别为矛尾虾虎鱼与食物来源的箱体图和食物来源贡献的Isospace图、食物来源贡献的matrix图

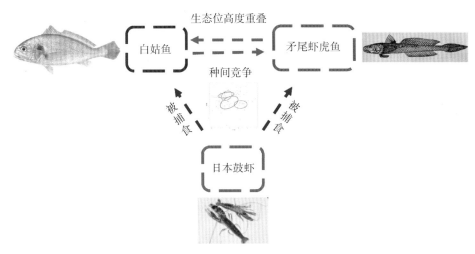

图 5 - 26　长岛毗邻海域底层渔业生物关键种种间关系

第五节　个体大小对关键种食性的影响

一、体长与同位素的关系

通过线性回归方程、Pearson 相关性分析对 4 种渔业生物的体长与各自碳、氮稳定同位素比值的相关性进行了检验。如图 5 - 27 和图 5 - 28 所示，口虾蛄的体长与氮稳定同位素比值呈极显著的正相关（$r=0.64$，$p<0.01$），并表现出较强的线性相关。矛尾虾虎鱼的体长与碳稳定同位素比值呈显著的正相关（$r=0.49$，$p<0.05$），线性相关性不强。其余的渔业生物体长与各自的碳、稳定同位素比值无显著的相关性。

图 5 - 29 为 4 种关键种体长在碳、氮稳定同位素双位图上的等值线。可以看出，口虾蛄的大体长个体集中分布于图中的右上侧，即较高的碳稳定同位素比值和氮稳定同位素比值。说明大体长口虾蛄的碳、氮稳定同位素值较高。而其余 3 种渔业生物的体长在碳、氮稳定同位素双位图上无明显的分布规律。

二、不同体长组生态位重叠

为了进一步了解生物体长对各自同位素生态位的影响，利用 R 软件的 ggplot2 绘制了 4 种关键种各自体长组间在 40% 水平下的标准椭圆（图 5 - 30）。口虾蛄和矛尾虾虎鱼的 40% 标准椭圆与体长之间存在着特定的分布关系，即大体长的 40% 标准椭圆通常分布于同位素空间的右上角，而小个体的 40% 标准椭圆趋向分布于同位素空间的左下角。其中口虾蛄的分布规律最为明显，150～169 mm 体长组处于同位素空间的最右上方，130～149 mm 体长组在 150～169 mm 体长组的下方，110～129 mm 体长组处在 130～149 mm 体长组的左下方，90～109 mm 体长组又处在 110～129 mm 体长组的下方，最小的体长组 60～89 mm 处在所有体长组的左下方。其中最

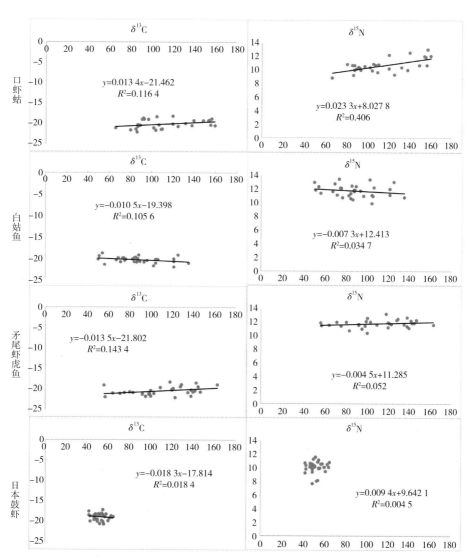

图 5-27　4 种关键种的体长与各自碳、氮稳定同位素的关系

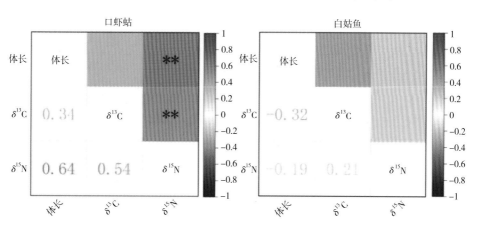

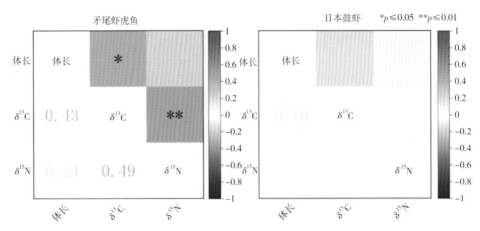

图 5-28 4种关键种体长与各自碳、氮稳定同位素的 Pearson 相关性分析

红色代表正相关，蓝色代表负相关；颜色越深代表相关性越强。两颗星代表极显著相关，

图中数字代表相关系数

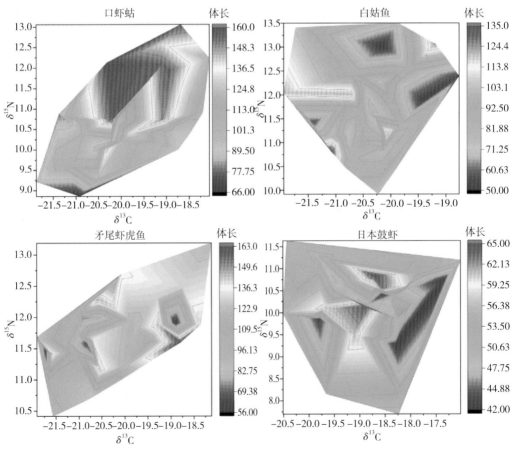

长岛毗邻海域底层渔业资源与栖息环境

图 5-29 4种渔业生物体长在碳、氮稳定同位素双位图上的等高线

横坐标为碳稳定同位素比值，纵坐标为氮稳定同位素比值。颜色从蓝到红代表体长从小到大

大体长组在40%水平的同位素生态位上与其他体长组没有明显的生态位重叠，说明随着体长增加，口虾蛄的同位素生态位更高，并且可能出现捕食关系的改变。矛尾虾虎鱼两个最大的体长组130~149 mm和110~129 mm处在其他小体长组的右上方，但其差异不如口虾蛄明显。白姑鱼和日本鼓虾的体长组生态位无明显的分布规律。

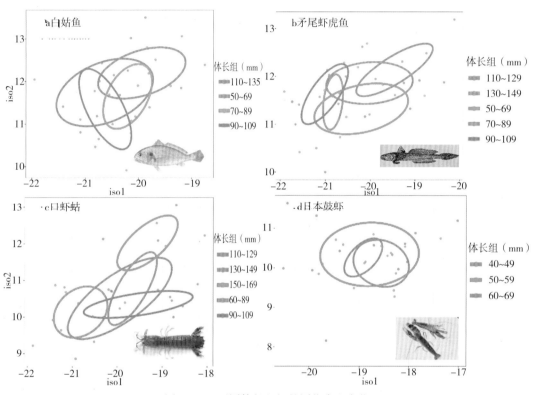

图5-30　不同体长组间的同位素生态位
实线圆圈代表40%水平的标准椭圆，即包含所有数据的40%

为了进一步定量研究关键种各体长组间的生态位重叠程度，通过SIBER计算了4种关键种各自体长组间的TA、SEA和$SEAc$。图5-31展示了这4种关键种各自不同体长组间的生态位重叠程度。详细的数据见表5-13。所有的体长组中，日本鼓虾50~59 mm体长组的TA最大，达到8.88；口虾蛄的110~129 mm体长组的SEA和$SEAc$最大，分别达到3.59和4.79；矛尾虾虎鱼的70~89 mm体长组的TA、SEA和$SEAc$均最小，分别只有0.63、0.46和0.57。图5-32展示了基于贝叶斯推断的这4个关键种各自体长组的$SEA.B$分布的稳健性比较。

利用nicheROVER生态位模型计算了口虾蛄各体长组间的生态位重叠情况（图5-33和图5-34）。可以看出，两个最小的体长组60~89 mm和90~109 mm在最大体长组150~169 mm生态位中出现的概率较低，表明小体长个体口虾蛄与大体长个体口虾蛄间存在生态位差别。

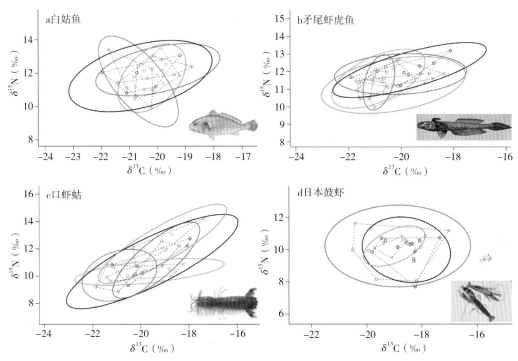

图 5-31　SIBER 绘制的 4 种关键种各自体长组间的生态位重叠示意
虚线组成的凸多边形代表 TA，实线圆圈代表 SEA。不同的颜色代表了不同的体长组

表 5-13　4 种关键种体长组的 SIBER 分析结果汇总

体长组（mm）	TA	SEA	SEAc
白姑鱼			
50~69	1.86	1.61	2.02
70~89	2.74	1.17	1.27
90~109	2.46	1.51	1.81
110~129	2.95	2.59	3.45
矛尾虾虎鱼			
50~69	2.66	2.15	2.69
70~89	0.63	0.46	0.57
90~109	2.28	1.29	1.51
110~129	2.37	1.60	1.92
130~149	2.54	1.51	1.73
口虾蛄			
60~89	2.20	1.48	1.78
90~109	2.29	1.31	1.50
110~129	3.51	3.59	4.79
130~149	1.79	1.59	2.11
150~169	2.72	2.03	2.54
日本鼓虾			
40~49	4.24	1.69	1.85
50~59	8.88	3.51	3.81
60~69	0.71	0.64	0.85

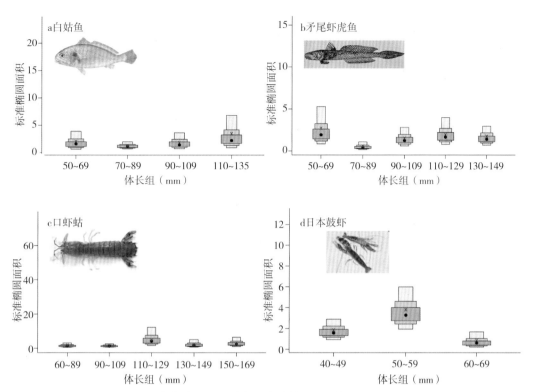

图 5-32　基于贝叶斯推断的 4 种关键种各自体长组的标准椭圆面积的稳健性比较

图中最深的灰色代表 50％ 的置信区间，中等程度的灰色代表 75％ 的置信区间，最浅灰色代表 95％ 的置信区间

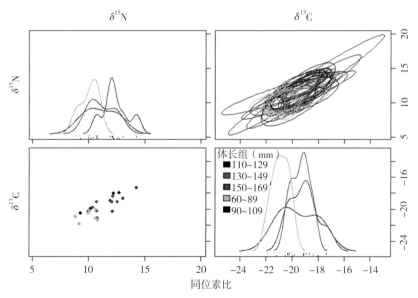

图 5-33　口虾蛄不同体长组的同位素数据的每一对组合的生态位图、密度分布和原始数据

该图为由贝叶斯分析生成的 10 个随机生态位区域

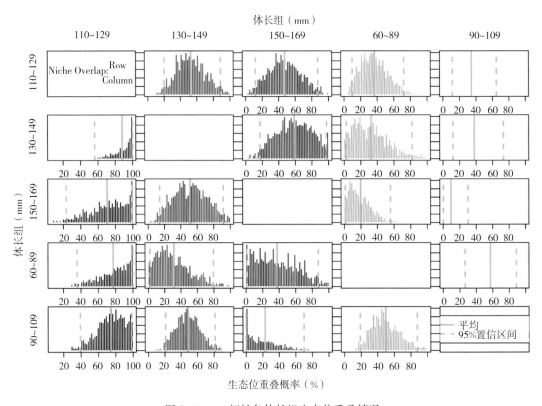

图 5 - 34　口虾蛄各体长组生态位重叠情况

三、 个体大小对关键种食性的影响

以往的研究中，认为渔业生物的一个重要特征就是其捕食关系在很大程度上取决于捕食者与被捕食者个体之间的相对体型大小，个体大小直接决定了捕食者的口裂大小（Shurin and Hillebrand，2006）。因此，食物能否进入渔业生物的口中在一定程度上决定了其对食物种类的选择性。本研究中 4 种关键种的食性并不是都会随着体长的增加而发生变化。原因是捕获个体主要为成体，成体的食性较为固定。其中白姑鱼和日本鼓虾的碳、氮稳定同位素比值与其个体长度无明显的相关性。而杂食性的矛尾虾虎鱼由于具有宽泛的碳同位素比值，其碳同位素比值与个体长度存在显著的正相关性。口虾蛄的氮同位素比值与体长存在极显著正相关性，并且线性关系较强。体长在碳、氮稳定同位素空间上的分布趋势（等高线图）也说明，大个体的口虾蛄趋向于分布在高碳和高氮的空间区域。口虾蛄不同体长的同位素生态位重叠情况进一步说明了个体大小对口虾蛄同位素生态位宽幅有显著影响。其中最大体长组在 40％水平的同位素生态位上与其他体长组没有明显的生态位重叠，处在同位素空间上的最右上方，即高氮同位素比值和高碳同位素比值区域，说明随着体长增加，口虾蛄的同位素生态位表现更高，并且可能出现捕食关系的改变。

因此，口虾蛄在其发育过程中随着体长的增加，存在较为明显的食性变化。引起这一变化的原因，除了其口的大小随着体长增加而变大以外，还与其随着体型变大而不断变强的捕食能力有关。口虾蛄拥有强大的第2颚足，能够进行强有力的攻击，其第2颚足随着体型的变大会越来越强壮，攻击性也越来越强（王春琳等，1996；菅腾，2016）。上一章中，按照口虾蛄的摄食关系与拓扑学指标，将其确认为关键捕食者，但在秋季其各项拓扑学指标排序均大大降低，直至冬季不再是关键的捕食者，其对食物网中生物的捕食作用随着季节环境的变化发生了改变，进一步说明了环境变化对生物的摄食关系、角色的转变和在食物网中位置的变动产生着影响。不过，除了受外部环境因素的影响，生物自身个体大小可能也是造成渔业生物在食物网中的角色和位置改变的原因之一。本章的研究结果也解释了为什么通过拓扑结构确定的关键捕食者口虾蛄在同位素生态位上会低于关键中间种矛尾虾虎鱼，进一步证明了口虾蛄个体大小对其在食物网中角色转变的影响。通常大个体的口虾蛄在长岛毗邻海域底层渔业生物群落中扮演着关键捕食者的角色，而随着秋季小个体的补充（图5-35），体型的变小使其被许多原本是其食物的物种所捕食，而成为了群落中的中间种。例如群落中的关键中间种矛尾虾虎鱼，其在该区域秋季的同位素生态位甚至高过了口虾蛄。随着口虾蛄体型的继续变小，其在食物网中的位置可能会进一步变为饵料物种，造成食物网结构根本性的改变。因此，某些渔业生物个体大小的变化可能会对食物网结构产生影响。近10几年来黄渤海渔业生物的小型化、低龄化变化，可能会对海洋食物网结构的改变产生重大的影响。

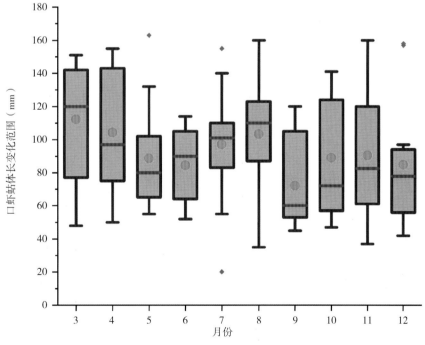

图5-35　长岛毗邻海域口虾蛄体长的季节变化

该图统计了该区域共263尾口虾蛄的长度。图中绿色圆点为平均值，紫色直线为中位数，蓝色点为离群值。可以看到口虾蛄的体长在秋季（9、10、11月）和冬季（12月）较短

（金显仕、赵永松、陈云龙、单秀娟、韦超）

参考文献 >>>

陈玲，王凯，周曦杰，等，2016. 岛礁水域海藻场食物网基准生物的选择［J］. 海洋渔业，2016, 38 (4)：364-373.

邓景耀，姜卫民，杨纪明，等，1997. 渤海主要生物种间关系及食物网的研究［J］. 中国水产科学，4：2-8.

高春霞，2020. 基于稳定同位素技术的浙江中南部近海渔业生物群落营养结构研究［D］. 上海：上海海洋大学.

高小迪，陈新军，李云凯，2018. 水生食物网研究方法的发展和应用［J］. 中国水产科学，25 (6)：1347-1360.

贡艺，陈玲，李云凯，2017. 海洋生态系统稳定同位素基线的选取［J］. 应用生态学报，28 (7)：2399-2404.

韩东燕，麻秋云，薛莹，等，2016. 应用碳、氮稳定同位素技术分析胶州湾六丝钝尾虾虎鱼的摄食习性［J］. 中国海洋大学学报（自然科学版），46 (3)：67-73.

韩东燕，薛莹，纪毓鹏，等，2013. 胶州湾 5 种虾虎鱼类的营养和空间生态位［J］. 中国水产科学，2013, 20 (1)：148-156.

李忠炉，张文旋，何雄波，等，2019. 南海北部湾秋季蓝圆鲹与竹筴鱼的摄食生态及食物竞争［J］. 广东海洋大学学报，39 (3)：79-86.

李忠义，金显仕，庄志猛，等，2005. 稳定同位素技术在水域生态系统研究中的应用［J］. 生态学报 (11)：260-268.

林光辉，2013. 稳定同位素生态学［M］. 北京：高等教育出版社：8.

刘华雪，徐军，李纯厚，等，2015. 南海南部浮游动物稳定同位素研究：碳稳定同位素［J］. 热带海洋学报，34 (4)：59-64.

孟宽宽，王晶，张崇良，等，2017. 黄河口及其邻近水域矛尾虾虎鱼渔业生物学特征［J］. 中国水产科学，24 (5)：939-945.

牟钰清，林亚男，张树永，2016. 枪虾攻击过程的物理化学原理辨析［J］. 化学通报，79 (7)：672-675.

宁加佳，杜飞雁，王雪辉，等，2016. 基于稳定同位素的口虾蛄食性分析［J］. 水产学报，40 (6)：903-910.

秦诗牧，秦俊奇，杨玉良，等，2019. 枪虾夹螯的结构特性、运动特性与射流聚焦机理研究［J］. 振动与冲击，38 (21)：202-209.

秦诗牧，秦俊奇，杨玉良，等，2020. 枪虾夹螯产生空化气泡的模型建立与仿真［J］. 计算机仿真，37 (12)：208-213.

盛福利，曾晓起，薛莹，2009. 青岛近海口虾蛄的繁殖及摄食习性研究［J］. 中国海洋大学学报（自然科学版），39 (S1)：326-332.

隋昊志，韩东燕，薛莹，等，2017. 基于碳、氮稳定同位素研究胶州湾普氏栉虾虎鱼的摄食习性［J］. 应用生态学报，28 (11)：3789-3796.

孙刚，盛连喜，2000. 生态系统关键种理论的研究进展［J］. 动物学杂志，35 (4)：53-57.

唐启升，苏纪兰，孙松，等，2005. 中国近海生态系统动力学研究进展［J］. 地球科学进展 (12)：1288-1299.

唐启升，苏纪兰，张经，2005. 我国近海生态系统食物产出的关键过程及其可持续机理［J］.

地球科学进展（12）：1280-1287.

王春琳，徐善良，梅文骧，1996. 口虾蛄的生物学基本特征 ［J］. 浙江水产学院学报，1：
    60-62.

王军，苏永全，柳建英，1994. 罗源湾五种石首鱼类的食性研究 ［J］. 厦门水产学院学报，2：
    34-39.

王康，祝孔豪，郭钰伦，等，2022. 基于稳定同位素的消费者营养来源溯源的方法和过程 ［J］.
    水生生物学报，46（5）：767-777.

徐军，张敏，谢平，等，2010. 氮稳定同位素基准的可变性及对营养级评价的影 ［J］. 湖泊科
    学，22（1）：8-20.

徐军，王玉玉，王康，等，2020. 水域生态学中生物稳定同位素样品采集、处理与保存 ［J］. 水
    生生物学报，44（5）：989-997.

徐善良，王春琳，梅文骧，等，1996. 浙江北部海区口虾蛄繁殖和摄食习性的初步研究 ［J］. 浙
    江水产学院学报，1：30-36.

徐兆礼，陈佳杰，2010. 依据大规模捕捞统计资料分析东黄渤海白姑鱼种群划分和洄游路线
    ［J］. 生态学报，30（23）：6442-6450.

薛莹，金显仕，2003. 鱼类食性和食物网研究评述 ［J］. 海洋水产研究，24（2）：76-87.

颜云榕，卢伙胜，金显仕，2011. 海洋鱼类摄食生态与食物网研究进展 ［J］. 水产学报，35
    （1）：145-153.

杨纪明，2001. 渤海无脊椎动物的食性和营养级研究 ［J］. 现代渔业信息（9）：8-16.

杨璐，曹文清，林元烧，等，2016. 夏季北部湾九种经济鱼类的食性类型及营养生态位初步研究
    ［J］. 热带海洋学报，35（02）：66-75.

易晓英，2021. 北部湾斑鳍白姑鱼摄食生态研究 ［D］. 湛江：广东海洋大学.

张波，金显仕，戴芳，2008. 长江口两种重要石首鱼类的摄食习性 ［J］. 动物学报（2）：
    209-217.

张衡，叶锦玉，张瑛瑛，等，2018. 长江口东滩湿地斑尾刺虾虎鱼的栖息亚生境选择和食性差异
    ［J］. 应用生态学报，29（3）：945-952.

张家旭，张云雷，刘淑德，等，2021. 山东近海矛尾虾虎鱼生物学特征及其季节变化 ［J］. 中国
    海洋大学学报（自然科学版），51（7）：122－130.

张良成，李凡，吕振波，等，2019. 莱州湾虾虎鱼类资源分布及群落结构研究 ［J］. 大连海洋大
    学学报，34（4）：588-594.

赵永松，2022. 庙岛群岛毗邻海域底栖食物网结构特征 ［D］. 上海：上海海洋大学.

周艳清，高晓东，王嘉昕，等，2021. 柴达木盆地灌区枸杞根系水分吸收来源研究 ［J］. 中国生
    态农业学报，29（2）：400-409.

朱美贵，杨刚，张涛，等，2016. 长江口斑尾刺虾虎鱼的摄食习性 ［J］. 中国水产科学，23
    （4）：914-923.

祝孔豪，李斌，王康，等，2022. 稳定同位素质量平衡混合模型的性能评估 ［J］. 水生生物学
    报，46（3）：427-438.

Assis C A，1996. A generalised 个 ex for stomach contents analysis in fish ［J］. Sci Mar，60（2-
    3）：385-389.

Barneche D R，Allen A P，Mumby P，2018. The energetics of fish growth and how it constrains
    food-web trophic structure ［J］. Ecol Lett，21：836-844.

第
五
章

长
岛
毗
邻
海
域
关
键
种
营
养
生
态

Barneche D R, Hulatt C J, Dossena M, et al, 2021. Warming impairs trophic transfer efficiency in a long-term field experiment [J]. Nature, 592: 76-79.

Bearhop S, Adams C E, Waldron S, et al, 2004. Determining trophic niche width: a novel approach using stable isotope analysis [J]. J Anim Ecol, 73: 1007-1012.

Ben-david M, Flynn R W, Schell D M, 1997. Annual and seasonal changes in diets of martens: evidence from stable isotope analysis [J]. Oecologia, 111 (2): 280-291.

Ben-david M, Hanley T A, Klein D R, et al, 1997. Seasonal changes in diets of coastal and riverine mink: the role of spawning Pacific salmon [J]. Can J Zool, 75 (5): 803-811.

Bigg M A, Perez M A, 1985. Modified volume: a frequency-volume method to assess marine mammal food habits. Marine Mammals and Fisheries [J]. London: George Allen & Unwin: 277-283.

Boecklen W J, Yarnes C T, Cook B A, et al, 2011. On the use of stable isotopes in trophic ecology [J]. Annu Rev Ecol, Evol, Syst, 42 (1): 411-440.

Crawford K, Mcdonald R A, Bearhop S, 2008. Applications of stable iso-tope techniques to the ecology of mammals [J]. Mamm Rev, 38 (1): 87-107.

Deniro M J, Epstein S, 1997. Mechanism of carbon isotope fractionation associated with lipid synthesis [J]. Science, 197 (4300): 261-263.

Deniro M J, Epstein S, 1976. You are what you eat (plus a few permil): the carbon isotope cycle in food chains [J]. Geol Soc Am (Abstracts with Programs), 8: 834-835.

Ellison A M, 2004. Bayesian inference in ecology [J]. Ecol Lett, 7: 509-520.

Erhardt E B, Wolf B O, Ben-david M, et al, 2014. Stable isotope sourcing using sampling [J]. Open J Ecol, 4 (6): 289-298.

Everest F A, Young R W, Johnson M W, 1984. Acoustical characteristics of noise produced by snapping shrimp [J]. J Acoust Soc Am, 20 (2): 137-142.

Fernandes R, Millard A R, Brabec M, et al, 2014. Food reconstruction using isotopic transferred signals (FRUITS): a Bayesian model for diet reconstruction [J]. PloS One, 9 (2): e87436.

Fry B, 1981. Natural stable carbon isotope tag traces Texas shrimp migrations [J]. Fish Bull US, 79 (2): 337-345.

Fry B, 2006. Stable Isotope Ecology [M]. New York: Springer: 1-20.

Goericke R, Fry B, 1994. Variations of marine plankton δ^{13}C with latitude, temperature, and dissolved CO_2 in the world ocean [J]. Global Biogeochem Cy, 8 (1): 85-90.

Haines E B, 1976. Relation between the stable carbon isotope composition of fiddler crabs, plants, and soils in a salt marsh [J]. Limnol Oceanogr, 21: 880-883.

Hilborn, R, Mangel M, 1997. The Ecological Detective [M]. Princeton: Princeton University Press.

Hopkins J B, Ferguson J M, 2012. Estimating the diets of animals using stable isotopes and a comprehensive Bayesian mixing model [J]. PloS One, 7 (1): e28478.

Hussey N E, MacNeil M A, McMeans B C, et al, 2014. Rescaling the trophic structure of marine food webs [J]. Ecol lett, 17 (2): 239-250.

Hyslop E J, 1980. Stomach contents analysis: a review of methods and their application [J]. J Fish Biol, 17 (4): 411-429.

Jackson A L, Inger R, Parnell A C, et al, 2011. Comparing isotopic niche widths among and within communities: SIBER-Stable Isotope Bayesian Ellipses in R [J] . J Anim Ecol, 80 (3): 595-602.

Kadoya T, Osada Y, Takimoto G, 2012. IsoWeb: a Bayesian isotope mixing model for diet analysis of the whole food web [J] . PloS One, 7 (7): e41057.

Kevin healy S B A K, 2017. Predicting trophic discrimination factor using Bayesian inference and phylogenetic, ecological and physiological data. DEsiR: Discrimination Estimation in R [J] . Peer J Preprints, 5: 1-21.

Kohlbach D, Graeve M, A. Lange B, et al, 2016. The importance of ice algae-produced carbon in the central Arctic Ocean ecosystem: Food web relationships revealed by lipid and stable isotope analyses [J] . Limnol Oceanogr, 61 (6): 2027-2044.

Lavigne D M, 1996. Ecological interactions between marine mammals, commercial fisheries, and their prey: unravelling the tangled web [J] . Can Wildlife Serv Occas, 91: 77.

Layman C A, Araujo M S, Boucek R, et al, 2012. Applying stable isotopes to examine food-web structure: an overview of analytical tools [J] . Biol rev Camb Philoso Soc, 87 (3): 545-562.

Martinez N D, 1993. Effect of Scale on Food Web Structure [J] . Science, 260 (5105): 242-243.

Mcconnaughey T, Mcroy C P, 1979. Food-Web structure and the fractionation of carbon isotopes in the Bering Sea [J] . Mar Biol, 53 (3): 257-262.

McIntyre P B, Flecker A S. Rapid turnover of tissue nitrogen of primary consumers in tropical freshwaters [J] . Oecologia, 2006, 148 (1): 12-21.

Minagawa M, Wada E, 1984. Stepwise enrichment of ^{15}N along food chains: further evidence and the relation between δ^{15}N and animal age [J] . Geochim Cosmochim Ac, 48 (5): 1135-1140.

Moore J W, Semmens B X, 2008. Incorporating uncertainty and prior information into stable isotope mixing models [J] . Ecol Lett, 11 (5): 470-480.

Moraes C R F D, Henry-silva G G, 2018. Mixing models and stable isotopes as tools for research on feeding aquatic organisms [J] . Ciência Rural, 48 (7): 1-14.

Nagelkerken I, Goldenberg S U, Ferreira C M, et al, 2020. Trophic pyramids reorganize when food web architecture fails to adjust to ocean change [J] . Science, 369 (6505): 829-832.

Nagelkerken I, Goldenberg S U, Ferreira C M, et al, 2020. Trophic pyramids reorganize when food web architecture fails to adjust to ocean change [J] . Science, 369 (6505): 829-832.

Parnell A C, Inger R, Bearhop S, et al, 2010. Source partitioning using stable isotopes: coping with too much variation [J] . PloS One, 5 (3): e9672.

Parnell A C, Phillips D L, Bearhop S, et al, 2013. Bayesian stable isotope mixing models [J] . Environmetrics, 24 (6): 387-399.

Phillips D L, Gregg J W, 2003. Source partitioning using stable isotopes: coping with too many sources [J] . Oecologia, 136 (2): 261-269.

Phillips D L, Gregg J W, 2001. Uncertainty in source partitioning using stable isotopes [J] . Oecologia, 127 (2): 171-179.

Phillips D L, Inger R, Bearhop S, et al, 2014. Best practices for use of stable isotope mixing models in food-web studies [J] . Rev Can De Zool, 92 (10) .

第五章 长岛毗邻海域关键种营养生态

Phillips D L，Koch P L，2002. Incorporating concentration dependence in stable isotope mixing models［J］. Oecologia，130（1）：114-125.

Post D M，2002. Using stable isotopes to estimate trophic position：models，methods，and assumptions［J］. Ecology，83（3）：703-718.

Qu P，Zhang Z H，Pang M et al，2019. Stable isotope analysis of food sources sustaining the subtidal food web of the Yellow River Estuary［J］. Ecolindic，101：303-312.

Quevedo M，Svanba¨C K R，Eklo¨V P，2009. Intrapopulation niche partitioning in a generalist predator limits food web connectivity［J］. Ecology，90：2263-2274.

Rolff C，2000. Seasonal variation in δ^{13}C and δ^{15}N of size-fractionated plankton at a coastal station in the northern Baltic proper［J］. Mar Ecol Prog Ser，203：47-65.

Schwarcz H P，1991. Some theoretical aspects of isotope paleodiet studies［J］. A rchaeol Sci，18（3）：261-275.

Shurin J B ，Hillebrand G H，2006. All wet or dried up? Real differences between aquatic and terrestrial food webs［J］. Proceedings Roy Soc B：Biol Sci，273（1582）：1-9.

Stock B C，Jackson A L，Ward E J，et al，2018. Analyzing mixing systems using a new generation of Bayesian tracer mixing models［J］. Peer J，6：e5096.

Teng G，ShanX ，Jin X ，et al，2021. Marine litter on the seafloors of the Bohai Sea，Yellow Sea and northern East China Sea［J］. Marine Pollution Bulletin，169（11）：112516.

Vander Zanden M J V，Rasmussen J B，2001. Variation in δ^{15}N and δ^{13}C trophic fractionation：Implications for aquatic food web studies［J］. Limnol Oceanogr，46（8）：2061-2066.

Vannote R L，Minshall G W，Cummins K W，et al，1980. The river continuum concept［J］. Cana J Fish Aquat Sci，37：130.

Versluis M，Schmitz B，Von der Heydt A，et al，2000. How snapping shrimp snap：through cavitating bubbles［J］. Science，289（5487）：2114-2117.

Votier S C，Bearhop S，Maccormick A，et al，2003. Assessing the diet of great skuas，Catharacta skua，usingfive different techniques［J］. Polar Biol，26：20-26.

Ward E J，Semmens B X，Schindler D E，2010. Including source uncer-tainty and prior information in the analysis of stable isotope mixing models［J］. Environ Sci Technol，44：4645-4650.

Xie B，Huang C，Wang Y，et al，2001. Trophic gauntlet effects on fisheries recovery：a case study in Sansha Bay，China［J］. Ecosyst Health Sust，7（1）：1965035.

Zanden M J V，Rasmussen J B，2001. Variation in δ^{15}N and δ^{13}C trophic fractionation：Implications for aquatic food web studies［J］. Limnol Oceanogr，46（8）：2061-2066.

Zhao Y S，Yang T，Shang X J et al，2022. Stable isotope analysis of food web structure and the contribution of carbon sources in the sea adjacent to the Miaodao Archipelago（China）［J］. Fishes，7（1）：32.

Zheng Y Y，Niu J G，Zhou Q et al，2018. Effects of resource availability and hydrological regime on autochthonous and allochthonous carbon in the food web of a large cross-border river（China）［J］. Sci Total Environ，612：501-512.

第六章 CHAPTER 6

长岛毗邻海域底层食物网营养结构与能量流动

在气候变化和人类活动的影响下，海洋生态系统正面临着越来越多的压力。海岛生态系统作为海洋生态系统的重要组成部分，是人类保护海洋和发展海洋的支点。其中，近岸岛屿毗邻海域作为极具代表性和独特性的海岛生态系统，具有海－陆双重性质，对环境变化和人类活动响应敏感。长岛毗邻海域是黄渤海渔业生物的关键洄游通道和摄食生境，然而人们对其食物网营养结构的认识仍然十分不足。食物网通过生物相互作用成为连接无机环境和有机世界的纽带，通过物质循环和能量流动将无机环境、初级生产者和各级消费者紧密结合在一起，相互交织成网，形成并维持着生物的多样性和生态系统的稳定性。阐明食物网结构与功能之间的关系，既是生态学的基本理论问题，也是预测全球变化下生态系统响应的重要依据。本章研究围绕长岛毗邻海域底层生态系统食物网营养结构和能量流动两个方面，运用碳、氮稳定同位素技术和 Ecopath 生态系统模型等方法展开进一步的研究，期望能为岛屿毗邻海域生态系统和食物网营养动力学研究提供参考。

第一节　底层食物网结构及其时空变化

一、　数据来源及处理方法

（一）样品采集与处理

2021 年 3、4、5、6、7、8、9、10、11、12 月对长岛毗邻海域（120.5°E～120.8°E、37.8°N～38.0°N）展开了渔业资源和生态环境调查，其中 2021 年 3 月和 8 月开展了 30 个站位的航次调查（图 6 - 1），其余月份进行了 10 个站位的航次调查（参见第三章图 3 - 1）。野外采样主要包括 SOM、POM、大型藻类、浮游植物、浮游动物、无脊椎动物和鱼类等。所有样本均采用随机抽样法收集。具体采样和处理方法详见第三章。

（二）稳定同位素分析

稳定同位素样品的预处理方法详见第五章第一节。

本章研究同位素样品委托上海海洋大学大洋渔业资源可持续开发教育部重点实验室

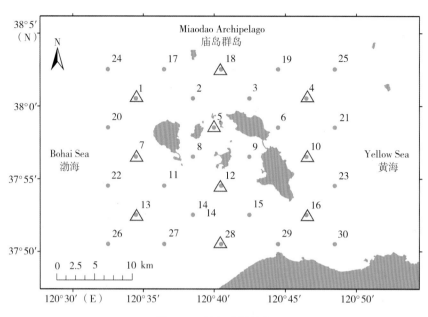

图 6-1 长岛采样站位

进行分析。碳、氮同位素比值用元素分析仪和同位素比值质谱仪测定。$\delta^{13}C$ 和 $\delta^{15}N$ 同位素分析参考材料分别为 VPDB 和 N_2。国际标准材料为 IAEA-USGS24 和 IAEA-USGS25。稳定同位素比值用标准 δ 符号表示（$\delta^{13}C$ 和 $\delta^{15}N$），定义为：

$$\delta R = \left[(X_{sample} - X_{standard}) / X_{standard} \right] \times 10^3 \ (‰)$$

式中，R 代表 ^{13}C 或 ^{15}N，X 代表 $^{13}C/^{12}C$ 或 $^{15}N/^{14}N$。碳、氮稳定同位素比值测定数据精度符合 $\delta^{13}C \leqslant \pm 0.2‰$、$\delta^{15}N \leqslant \pm 0.3‰$ 的要求。

采用 Post（2002）提出的双食物来源混合模型来区分每种基线生物对消费者的相对贡献，公式如下：

$$\alpha_{base\,1} = (\delta^{13}C_{consumer} - \delta^{13}C_{base\,2}) / (\delta^{13}C_{base\,1} - \delta^{13}C_{base\,2})$$

式中，$\alpha_{base\,1}$ 为基线生物 1 对消费者的相对贡献，$\delta^{13}C_{consumer}$ 为消费者的碳稳定同位素比值，$\delta^{13}C_{base\,1}$ 为基线生物 1 的碳稳定同位素比值，$\delta^{13}C_{base\,2}$ 为基线生物 2 的碳稳定同位素比值。

依据 Post（2002）提出的方法计算营养级：

$$TP = 2 + \left[\delta^{13}C_{consumer} - (\delta^{15}N_{base\,1} \times \alpha_{base\,1} + \delta^{15}N_{base\,2} \times \alpha_{base\,2}) \right] / 3.4$$

式中，TP 为营养级，$\delta^{13}C_{consumer}$ 为消费者的碳稳定同位素比值，$\delta^{15}N_{base\,1}$ 为基线生物 1 的氮稳定同位素比值，$\alpha_{base\,1}$ 为基线生物 1 对消费者的相对贡献，$\delta^{15}N_{base\,2}$ 为基线生物 2 的氮稳定同位素比值，$\alpha_{base\,2}$ 为基线生物 2 对消费者的相对贡献。

分别选取浮游动物和底栖贝类作为基线生物（base 1 和 base 2），基线的营养级为 2，$\delta^{15}N$ 的营养判别值为 3.4‰。

使用 R4.1.2 进行分析。所有的统计分析和数据可视化使用 R4.1.2、Adobe Illustrator 2021 进行。

二、 同位素特征

（一）功能组

根据长岛毗邻海域底层生态系统已有的生物群落调查结果和碳、氮稳定同位素分析结果，将摄食习性、生态学特征、分类学特征和同位素特征等方面具有相似性的生物类群划分为相同功能组，同时将一些具有重要经济价值和生态价值的物种设为功能组，共将其定义为22个功能组，包含4个初级生产者功能组（大型藻类、浮游植物、POM和SOM）及18个消费者功能组，基本涵盖该底层生态系统食物网的全部营养结构（表6-1）。

表 6-1   长岛毗邻海域底层生态系统食物网营养结构功能组及主要种类组成

编号	功能组	主要种类组成
a	白姑鱼	白姑鱼
b	虾虎鱼类	矛尾虾虎鱼、六丝矛尾虾虎鱼、长丝虾虎鱼、矛尾复虾虎鱼、中华栉孔虾虎鱼、裸项栉虾虎鱼、纹缟虾虎鱼、钟馗虾虎鱼等
c	大泷六线鱼	大泷六线鱼
d	鱼食性鱼类	海鳗、许氏平鲉、长蛇鲻等
e	底栖食性鱼类	方氏云鳚、焦氏舌鳎、孔鳐、梭鱼、细纹狮子鱼、褐牙鲆、鲔、黄盖鲽、石鲽、绯鲻、多鳞鱚、少鳞鱚、长绵鳚、细条天竺鲷、叫姑鱼、绿鳍马面鲀、星点东方鲀等
f	浮游动物食性鱼类	赤鼻棱鳀、蓝圆鲹、玉筋鱼等
g	大型头足类	短蛸、金乌贼、长蛸等
h	小型头足类	枪乌贼、双喙耳乌贼等
i	口虾蛄	体长大于等于50 mm的口虾蛄
j	小型口虾蛄	体长小于50 mm的口虾蛄
k	海星类	多棘海盘车、海燕、虾夷砂海星等
l	日本鼓虾	日本鼓虾
m	其他虾类	葛氏长臂虾、脊腹褐虾、鹰爪虾、戴氏赤虾、鲜明鼓虾、中国对虾、蝼蛄虾、细螯虾等
n	蟹类	寄居蟹、十一刺栗壳蟹、隆线强蟹、泥脚隆背蟹、日本关公蟹、三疣梭子蟹、日本鲟、双斑蟳等
o	海胆	哈氏刻肋海胆、心形海胆等
p	贝类	双壳类、腹足类
q	腕足动物	酸浆贝
r	浮游动物	拟长腹剑水蚤、腹针胸刺水蚤、小拟哲水蚤、洪氏纺锤水蚤、中华哲水蚤等
s	大型藻类	铜藻、孔石莼、鼠尾藻、裙带菜等
t	浮游植物	具槽帕拉藻、海链藻、菱形藻、骨条藻以及圆筛藻等
u	POM	悬浮颗粒有机物
v	SOM	沉积颗粒有机物

（二）稳定同位素结构

动物组织的碳、氮稳定同位素组成与其食物来源息息相关，反映了一段时期内动物组织同化的所有食物同位素组成的综合特征。由于同位素之间在物理、化学性质上的差异，导致反应底物和生成产物在同位素组成上出现差异。通常，与重同位素相比，轻同位素活性更高，能够更快、更容易地在产物中富集。因此，生物组织同化食物的物理、生物和化学过程中会产生轻、重同位素的分馏，造成不同生物间同位素组成差异。研究表明，动物碳同位素组成可以指示它们的食物来源，氮稳定同位素组成由于富集度较强可以反映营养结构。

共测量碳、氮稳定同位素样品 810 个，调查海域底层生物 $\delta^{13}C$ 介于 $-26.5‰$ ~ $-15.0‰$，均值为 $-18.7‰$，标准差为 $\pm1.76‰$；$\delta^{15}N$ 分布范围为 $0.8‰$ ~ $15.4‰$，均值为 $11.4‰$，标准差为 $\pm2.42‰$，包括主要的初级生产者和消费者。初级生产者主要包括浮游植物、大型藻类、POM 和 SOM，$\delta^{13}C$ 范围为 $-25.5‰$ ~ $-15.5‰$，均值为 $-21.5‰$，标准差为 $\pm1.82‰$，其值基本涵盖了消费者的 $\delta^{13}C$ 范围，代表了消费者的初级生产来源；$\delta^{15}N$ 变化范围为 $0.8‰$ ~ $10.1‰$，均值为 $6.0‰$，标准差为 $\pm2.41‰$，分布范围较广。消费者 $\delta^{13}C$ 范围为 $-26.5‰$ ~ $-15.0‰$，均值为 $-18.5‰$，标准差为 $\pm1.49‰$；$\delta^{15}N$ 变化范围为 $5.3‰$ ~ $15.4‰$，均值为 $11.9‰$，标准差为 $\pm1.62‰$。消费者主要包括浮游动物、无脊椎动物和鱼类，共分为 18 个功能组。浮游动物的 $\delta^{13}C$ 范围为 $-26.5‰$ ~ $-22.7‰$，均值为 $-23.6‰$，标准差为 $\pm1.08‰$；$\delta^{15}N$ 范围为 $6.4‰$ ~ $9.2‰$，均值为 $8.1‰$，标准差为 $\pm0.84‰$。无脊椎动物的 $\delta^{13}C$ 范围为 $-24.0‰$ ~ $-15.0‰$，均值为 $-18.2‰$，标准差为 $\pm1.53‰$；$\delta^{15}N$ 范围为 $5.3‰$ ~ $14.3‰$，均值为 $11.1‰$，标准差为 $\pm1.66‰$。鱼类 $\delta^{13}C$ 范围为 $-22.6‰$ ~ $-15.7‰$，均值为 $-18.6‰$，标准差为 $\pm1.16‰$；$\delta^{15}N$ 范围为 $9.6‰$ ~ $15.4‰$，均值为 $12.8‰$，标准差为 $\pm0.85‰$。总体上消费者的 $\delta^{13}C$ 范围较广，符合海洋碳同位素特征，鱼类＞无脊椎动物＞浮游动物。各功能组的碳、氮同位素比值范围见表 6-2 和图 6-2。

表 6-2　初级生产者和消费者的碳、氮同位素比值

类别	样品数量（个）	$\delta^{13}C$ 均值±标准差（‰）	$\delta^{13}C$ 范围（‰）	$\delta^{15}N$ 均值±标准差（‰）	$\delta^{15}N$ 范围（‰）
全部	810	-18.7 ± 1.76	-26.5 ~ -15.0	11.4 ± 2.42	0.8 ~ 15.4
初级生产者	75	-21.5 ± 1.82	-25.5 ~ -15.5	6.0 ± 2.41	0.8 ~ 10.1
消费者	735	-18.5 ± 1.49	-26.5 ~ -15.0	11.9 ± 1.62	5.3 ~ 15.4
无脊椎动物	346	-18.2 ± 1.53	-24.0 ~ -15.0	11.1 ± 1.66	5.3 ~ 14.3
鱼类	378	-18.6 ± 1.16	-22.6 ~ -15.7	12.8 ± 0.85	9.6 ~ 15.4
白姑鱼	48	-19.3 ± 1.20	-22.0 ~ -17.2	13.0 ± 0.60	11.7 ~ 14.1
虾虎鱼类	178	-18.3 ± 0.92	-21.2 ~ -15.7	13.1 ± 0.69	11.1 ~ 15.4
大泷六线鱼	11	-18.5 ± 0.98	-20.5 ~ -17.6	12.9 ± 0.79	11.4 ~ 14.1
鱼食性鱼类	13	-18.3 ± 0.76	-19.9 ~ -17.2	13.2 ± 0.49	12.5 ~ 14.0
底栖食性鱼类	105	-18.5 ± 1.21	-22.0 ~ -15.8	12.5 ± 1.78	9.6 ~ 13.8
浮游食性鱼类	23	-19.9 ± 1.32	-22.6 ~ -17.2	11.2 ± 0.88	10.1 ~ 13.2

类别	样品数量（个）	$\delta^{13}C$ 均值±标准差（‰）	$\delta^{13}C$ 范围（‰）	$\delta^{15}N$ 均值±标准差（‰）	$\delta^{15}N$ 范围（‰）
大型头足类	31	-17.6 ± 1.25	$-20.2\sim-15.3$	12.3 ± 0.78	$10.7\sim14.0$
小型头足类	10	-18.8 ± 1.62	$-21.5\sim-17.0$	13.1 ± 1.11	$10.8\sim14.3$
口虾蛄	27	-17.8 ± 0.76	$-20.0\sim-16.0$	13.1 ± 0.75	$11.3\sim14.3$
小型口虾蛄	4	-20.9 ± 0.55	$-21.4\sim-20.1$	10.3 ± 0.95	$8.9\sim10.9$
海星类	19	-20.4 ± 1.33	$-22.4\sim-18.0$	10.1 ± 1.12	$8.7\sim12.3$
日本鼓虾	39	-17.0 ± 0.81	$-18.4\sim-15.3$	11.1 ± 0.62	$9.6\sim12.6$
其他虾类	64	-17.9 ± 0.99	$-20.0\sim-15.9$	11.6 ± 0.96	$8.7\sim13.3$
蟹类	59	-18.2 ± 1.25	$-21.4\sim-15.2$	11.8 ± 0.86	$8.7\sim13.1$
海胆	16	-19.5 ± 2.74	$-24.0\sim-15.3$	9.2 ± 0.87	$7.5\sim10.8$
贝类	70	-18.1 ± 1.28	$-21.4\sim-15.0$	9.4 ± 1.45	$5.3\sim12.8$
腕足动物	7	-20.8 ± 0.81	$-21.9\sim-20.0$	7.4 ± 0.61	$6.4\sim8.1$
浮游动物	11	-23.6 ± 1.08	$-26.5\sim-22.7$	8.1 ± 0.84	$6.4\sim9.2$
大型藻类	34	-21.1 ± 2.25	$-25.5\sim-15.5$	7.74 ± 1.80	$3.1\sim10.1$
浮游植物	12	-21.7 ± 1.63	$-23.4\sim-17.6$	5.8 ± 1.60	$3.2\sim7.7$
POM	9	-22.3 ± 1.94	$-24.8\sim-19.7$	3.7 ± 0.82	$2.7\sim4.7$
SOM	20	-21.7 ± 0.59	$-23.1\sim-20.7$	4.3 ± 2.05	$0.8\sim9.0$

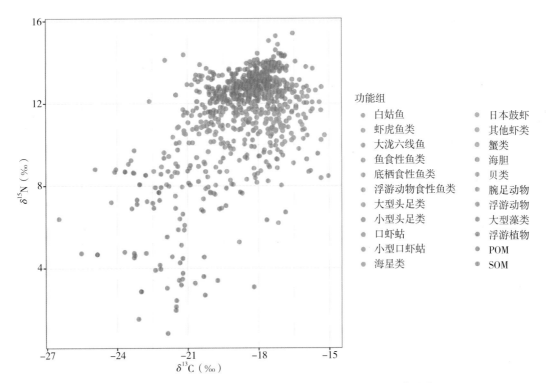

图 6-2　长岛毗邻海域底层生态系统食物网碳、氮双位比值分布

食物网各功能组的碳、氮稳定同位素分布如图 6-3 和图 6-4 所示。大型藻类具有

最宽泛的碳、氮稳定同位素比值范围，这是由于长岛毗邻海域的沿礁大型藻类种类较多，且同一种藻类的不同部位、不同生长阶段的碳同位素比值都不尽相同。在消费者中，海胆和贝类同样具有较宽泛的碳稳定同位素比值范围，这是由于二者主要以大型藻类为食，是典型的近岸岛礁底层生物，其碳同位素比值受食物来源大型藻类的影响。初级生产者中，SOM 的碳稳定同位素比值范围波动最小。鱼类消费者中，底栖食性鱼类、虾虎鱼类和白姑鱼的碳稳定同位素比值范围较广，这是由于三者均为杂食性鱼类，且底栖食性鱼类和虾虎鱼类种类较多，不同种类间碳稳定同位素比值也存在差异。而鱼食性鱼类的碳稳定同位素比值范围最小，体现在其较为专一的食性上。所有消费者中小型口虾蛄的碳稳定同位素比值范围最小。总体上，长岛毗邻海域底层生态系统食物网各功能组碳稳定同位素比值符合海洋碳稳定同位素特征。

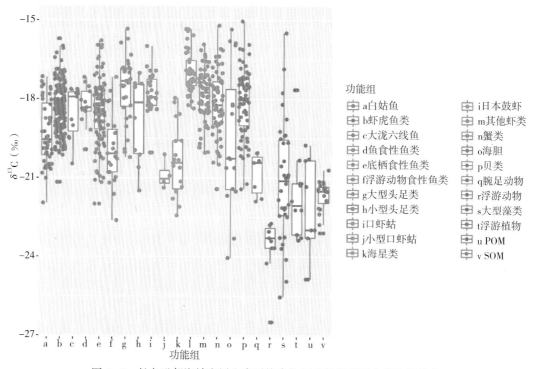

功能组
- a白姑鱼
- b虾虎鱼类
- c大泷六线鱼
- d鱼食性鱼类
- e底栖食性鱼类
- f浮游动物食性鱼类
- g大型头足类
- h小型头足类
- i口虾蛄
- j小型口虾蛄
- k海星类
- l日本鼓虾
- m其他虾类
- n蟹类
- o海胆
- p贝类
- q腕足动物
- r浮游动物
- s大型藻类
- t浮游植物
- u POM
- v SOM

图 6-3 长岛毗邻海域底层生态系统食物网功能组碳同位素比值分布

食物网生物的 $\delta^{15}N$ 值变化呈现出一个特定的顺序：初级生产者＜浮游动物＜无脊椎动物＜鱼类（图 6-4）。虾虎鱼类的氮稳定同位素比值最大，SOM 的最小，消费者中浮游动物和腕足动物的最低，口虾蛄和小型口虾蛄的差异较大。贝类在消费者中具有较宽泛的氮稳定同位素比值范围。

各功能组的碳、氮稳定同位素特征和生态位特征如图 6-5 和图 6-6 所示。其稳定同位素结构整体上表现为从左下角至右上角的对角线趋势。在氮稳定同位素上，鱼类＞无脊椎动物＞浮游动物＞初级生产者，由于重氮同位素的富集作用，捕食者的氮稳定同位素比值高于其饵料生物，沿着食物链的上升，其比值越来越大；在碳稳定同位素上，初级生产者具有宽泛的碳稳定同位素比值范围，基本涵盖了各消费者的比值范围。由于

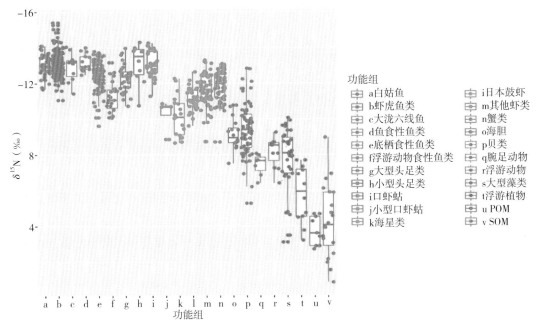

图 6-4　长岛毗邻海域底层生态系统食物网功能组氮同位素比值分布

重碳同位素的富集，捕食者的碳稳定同位素比值高于其饵料生物，沿着食物链的上升，其比值越来越大。

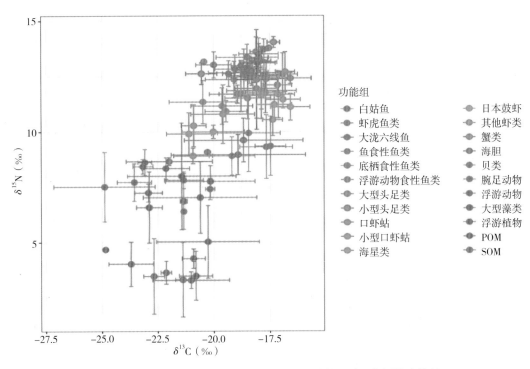

图 6-5　长岛毗邻海域底层生态系统食物网功能组碳、氮同位素特征

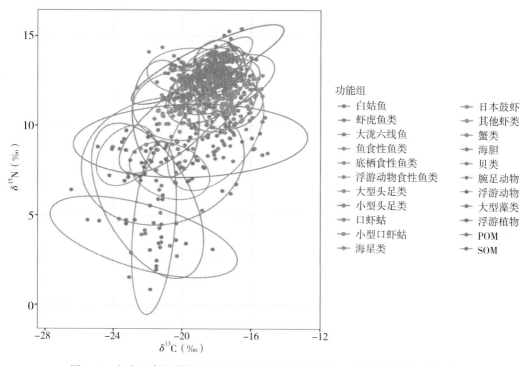

图 6-6　长岛毗邻海域底层生态系统食物网功能组碳、氮同位素生态位特征

三、 底层食物网营养结构时空变化

长岛毗邻海域地处东亚季风区，属暖温带大陆性季风气候，兼具海洋性气候特点，四季分明，不同季节间水温差值达到 20℃，同时该水域又是黄渤海洄游性渔业生物的洄游通道与摄食生境，底层渔业生物群落季节异质性显著，季节因素可能影响着该水域底层生态系统食物网营养结构；相比于传统海域，群岛的大小岛屿将原本完整的海域碎片化，形成不同的区域，区域间环境特征存在差异，异质性显著；由于该海域独特的地势构造，水深异质性较大，水深的差异导致了海水真光层的变化，这对底栖大型藻类和底栖生物的分布影响显著。因此，为进一步探究其食物网结构，本研究应用 2021 年 3～12 月该海域渔业生物和栖息环境调查数据，对其按照季节、区域和水深进行分类，研究不同时空背景下底层生态系统食物网营养结构变化特征。

（一）季节变化

依据调查海域季节特征，将调查月份 3～5 月划为春季，6～8 月划为夏季，9～11 月划为秋季，12 月划为冬季。春季平均底层水温为 10.2℃，夏季为 21.8℃，秋季为 16.9℃，冬季为 8.2℃。2021 年调查航次共测得碳、氮稳定同位素样品 810 个，其中春季样品 231 个，$\delta^{13}C$ 介于 −25.5‰～−15.0‰，均值为 −18.5‰，标准差为 ±1.81‰；$\delta^{15}N$ 分布范围为 0.8‰～15.4‰，均值为 11.1‰，标准差为 ±2.81‰。夏季样品 242 个，$\delta^{13}C$ 介于 −24.8‰～−15.6‰，均值为 −19.3‰，标准差 ±1.62‰；$\delta^{15}N$ 分布范围为 1.5‰～14.3‰，均值为 11.6‰，标准差为 ±1.90‰。秋季样品 161 个，$\delta^{13}C$ 介于

$-24.8‰\sim-16.3‰$，均值为$-18.8‰$，标准差为$\pm1.60‰$；$\delta^{15}N$分布范围为$2.9‰\sim$
$14.4‰$，均值$11.5‰$，标准差$\pm2.33‰$。冬季样品176个，$\delta^{13}C$介于$-26.5‰\sim$
$-15.3‰$，均值为$-18.2‰$，标准差为$\pm1.80‰$；$\delta^{15}N$分布范围为$2.7‰\sim14.9‰$，均
值为$11.4‰$，标准差为$\pm2.55‰$。$\delta^{13}C$冬季分布范围最广，秋季最小；$\delta^{15}N$春季分布
范围最广，秋季最小。具体碳、氮同位素比值与分布如表6-3和图6-7所示。

表6-3 不同季节的碳、氮同位素比值

季节	样品数量（个）	$\delta^{13}C$均值±标准差（‰）	$\delta^{13}C$范围（‰）	$\delta^{15}N$均值±标准差（‰）	$\delta^{15}N$范围（‰）
总	810	-18.7 ± 1.76	$-26.5\sim-15.0$	11.4 ± 2.42	$0.8\sim15.4$
春	231	-18.5 ± 1.81	$-25.5\sim-15.0$	11.1 ± 2.81	$0.8\sim15.4$
夏	242	-19.3 ± 1.62	$-24.8\sim-15.6$	11.6 ± 1.90	$1.5\sim14.3$
秋	161	-18.8 ± 1.60	$-24.8\sim-16.3$	11.5 ± 2.33	$2.9\sim14.4$
冬	176	-18.2 ± 1.80	$-26.5\sim-15.3$	11.4 ± 2.55	$2.7\sim14.9$

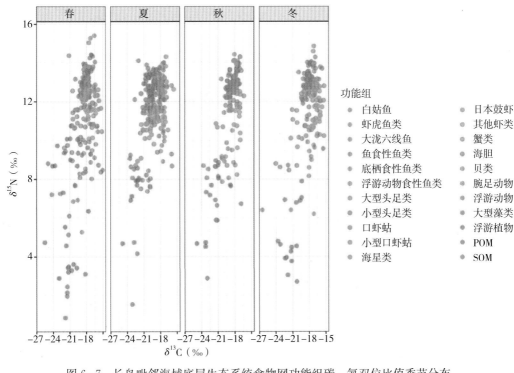

图6-7 长岛毗邻海域底层生态系统食物网功能组碳、氮双位比值季节分布

各功能组碳、氮稳定同位素季节分布如图6-8和图6-9所示，同位素特征与生态
位如图6-10和6-11所示。其中，夏季初级生产者$\delta^{13}C$分布范围最小，冬季分布范围
最大，这主要是大型藻类和浮游植物的季节性分布所致。不同季节间初级生产者的碳、
氮同位素存在差异。春季$\delta^{15}N$分布范围最广，也表现在更宽泛的生态位上。不同季节
间各功能组碳、氮同位素特征与生态位特征存在差异，尤其是在初级生产者中，但总体
分布趋势保持一致。

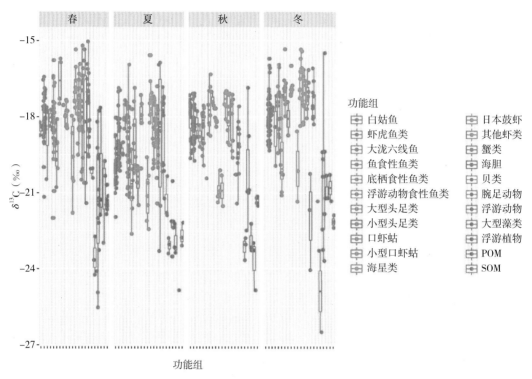

图 6-8　长岛毗邻海域底层生态系统食物网功能组碳同位素比值季节分布

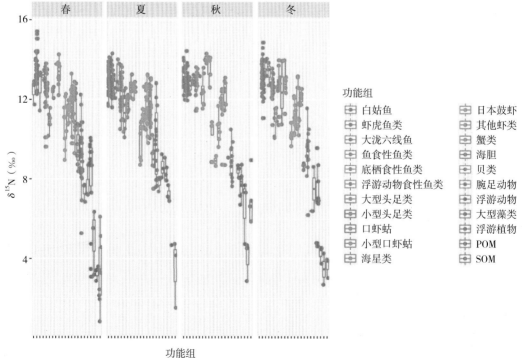

图 6-9　长岛毗邻海域底层生态系统食物网功能组氮同位素比值季节分布

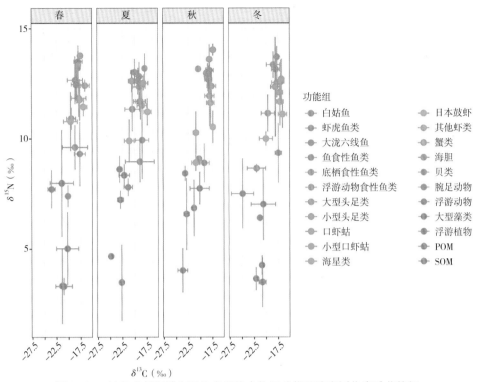

图 6-10 长岛毗邻海域底层生态系统食物网功能组稳定同位素季节特征

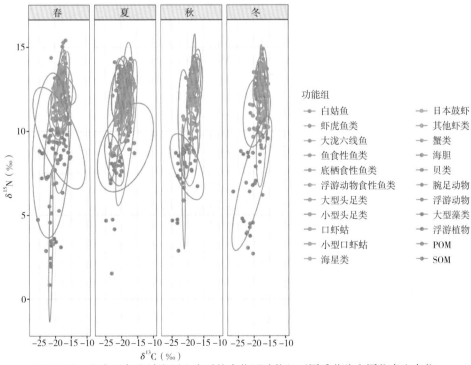

图 6-11 长岛毗邻海域底层生态系统食物网功能组不同季节稳定同位素生态位

（二）区域变化

将调查区域划分为东、中、北、南和西 5 个区域（图 6-12）。不同区域间的同位素比值如表 6-4、图 6-13 和 6-14 所示，生态位特征如图 6-14 所示。其中东部样品 98 个，$\delta^{13}C$ 介于 $-24.1‰ \sim -15.3‰$，均值为 $-18.3‰$，标准差为 ±1.58；$\delta^{15}N$ 分布范围为 $3.1‰ \sim 14.3‰$，均值为 $11.6‰$，标准差为 $\pm1.73‰$。中部样品 160 个，$\delta^{13}C$ 介于 $-25.5‰ \sim -15.2‰$，均值为 $-18.7‰$，标准差为 $\pm1.66‰$；$\delta^{15}N$ 分布范围为 $4.7‰ \sim 15.4‰$，均值为 $11.5‰$，标准差为 $\pm2.02‰$。北部样品 93 个，$\delta^{13}C$ 介于 $-21.5‰ \sim -15.0‰$，均值为 $-18.5‰$，标准差为 $\pm1.47‰$；$\delta^{15}N$ 分布范围为 $7.5‰ \sim 4.4‰$，均值为 $11.9‰$，标准差为 $\pm1.37‰$。南部样品 125 个，$\delta^{13}C$ 介于 $-22.4‰ \sim -15.3‰$，均值为 $-18.5‰$，标准差为 $\pm1.54‰$；$\delta^{15}N$ 分布范围为 $6.4‰ \sim 14.6‰$，均值为 $11.9‰$，标准差为 $\pm1.93‰$。西部样品 132 个，$\delta^{13}C$ 介于 $-22.6‰ \sim -15.3‰$，均值为 $-18.3‰$，标准差为 $\pm1.29‰$；$\delta^{15}N$ 分布范围为 $5.3‰ \sim 14.4‰$，均值为 $12.0‰$，标准差为 $\pm1.51‰$。其中，中部区域 $\delta^{13}C$ 分布范围最广，北部最窄；$\delta^{15}N$ 东部最广，北部最窄。这在一定程度上可能受样品数量的影响。东部和中部的大型藻类数量和碳、氮稳定同位素分布范围均较大，大型藻类的生态位较宽，这与实际两个区域存在较多的海藻场有关。由于中部水深较浅，其岩礁性底栖鱼类的数量明显较多，占据着宽泛的生态位（图 6-15）。

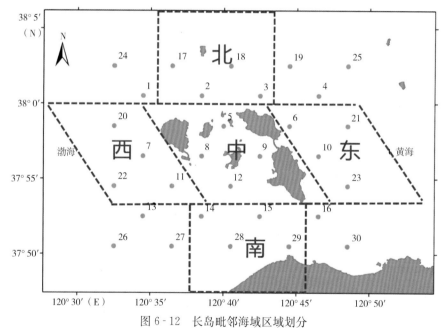

图 6-12　长岛毗邻海域区域划分

表 6-4　不同区域的碳、氮同位素比值

区域	样品数量（个）	$\delta^{13}C$ 均值 ± 标准差（‰）	$\delta^{13}C$ 范围（‰）	$\delta^{15}N$ 均值 ± 标准差（‰）	$\delta^{15}N$ 范围（‰）
东	98	-18.3 ± 1.58	$-24.1 \sim -15.3$	11.6 ± 1.73	$3.1 \sim 14.3$
中	160	-18.7 ± 1.66	$-25.5 \sim -15.2$	11.5 ± 2.02	$4.7 \sim 15.4$
北	93	-18.5 ± 1.47	$-21.5 \sim -15.0$	11.9 ± 1.37	$7.5 \sim 14.4$
南	125	-18.5 ± 1.54	$-22.4 \sim -15.3$	11.9 ± 1.93	$6.4 \sim 14.6$
西	132	-18.3 ± 1.29	$-22.6 \sim -15.3$	12.0 ± 1.51	$5.3 \sim 14.4$

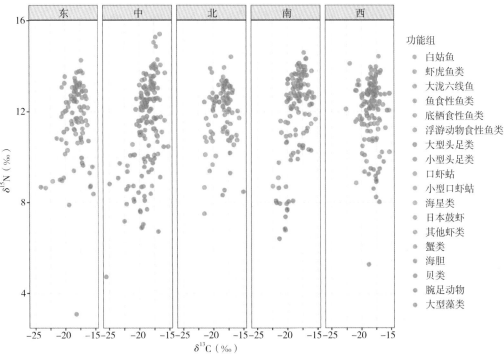

图 6-13 长岛毗邻海域底层生态系统食物网功能组碳、氮双位比值区域分布

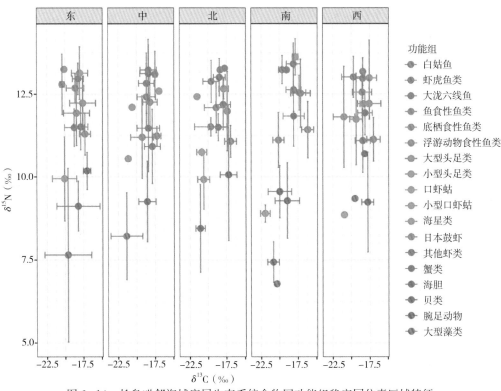

图 6-14 长岛毗邻海域底层生态系统食物网功能组稳定同位素区域特征

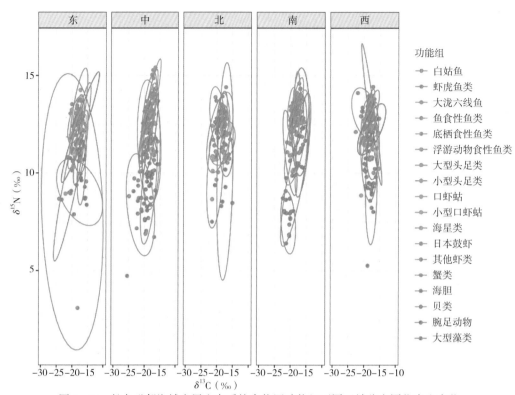

图 6-15　长岛毗邻海域底层生态系统食物网功能组不同区域稳定同位素生态位

功能组
- 白姑鱼
- 虾虎鱼类
- 大泷六线鱼
- 鱼食性鱼类
- 底栖食性鱼类
- 浮游动物食性鱼类
- 大型头足类
- 小型头足类
- 口虾蛄
- 小型口虾蛄
- 海星类
- 日本鼓虾
- 其他虾类
- 蟹类
- 海胆
- 贝类
- 腕足动物
- 大型藻类

（三）水深变化

将调查海域水深分为 3 个梯度范围，分别是小于 10 m 的浅水区，11～20 m 的中水区，大于 20 m 的深水区。其中浅水区样品 98 个，$\delta^{13}C$ 介于 $-24.9‰ \sim -15.2‰$，均值为 $-18.8‰$，标准差为 $\pm 1.80‰$；$\delta^{15}N$ 分布范围为 $6.7‰ \sim 15.4‰$，均值为 $11.3‰$，标准差为 $\pm 2.19‰$。中水区样品 484 个，$\delta^{13}C$ 介于 $-25.5‰ \sim -15.3‰$，均值为 $-18.4‰$，标准差为 $\pm 1.46‰$；$\delta^{15}N$ 分布范围为 $3.1‰ \sim 14.6‰$，均值为 $11.8‰$，标准差为 $\pm 1.80‰$。深水区样品 176 个，$\delta^{13}C$ 介于 $-24.0‰ \sim -15.0‰$，均值为 $-18.6‰$，标准差为 $\pm 1.49‰$；$\delta^{15}N$ 分布范围为 $7.3‰ \sim 14.4‰$，均值为 $12.0‰$，标准差为 $\pm 1.49‰$。中水区 $\delta^{13}C$ 和 $\delta^{15}N$ 分布范围均为最大，深水区均为最小。不同水深下的各功能组碳、氮稳定同位素比值如表 6-5、图 6-16 和图 6-17 所示，生态位特征如图 6-18 所示。大型藻类主要集中在浅水区和中水区，这符合大型藻类沿礁的生长特性，浅水区和中水区可以为大型藻类的生长提供足够的光照。大部分样品集中分布在中水区，中水区的初级生产者具有更宽泛的碳、氮同位素比值和生态位，丰富的初级生产力为消费者提供了适宜的栖息环境。

表 6-5　不同水深的碳、氮同位素比值

水深	样品数量 （个）	$\delta^{13}C$ 均值± 标准差（‰）	$\delta^{13}C$ 范围 （‰）	$\delta^{15}N$ 均值± 标准差（‰）	$\delta^{15}N$ 范围（‰）
浅	98	-18.8 ± 1.80	$-24.9 \sim -15.2$	11.3 ± 2.19	$6.7 \sim 15.4$
中	484	-18.4 ± 1.46	$-25.5 \sim -15.3$	11.8 ± 1.80	$3.1 \sim 14.6$
深	176	-18.6 ± 1.49	$-24.0 \sim -15.0$	12.0 ± 1.49	$7.3 \sim 14.4$

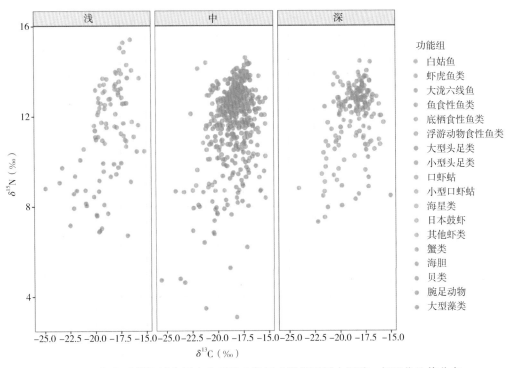

图 6-16　长岛毗邻海域底层生态系统食物网功能组不同水深碳、氮双位比值分布

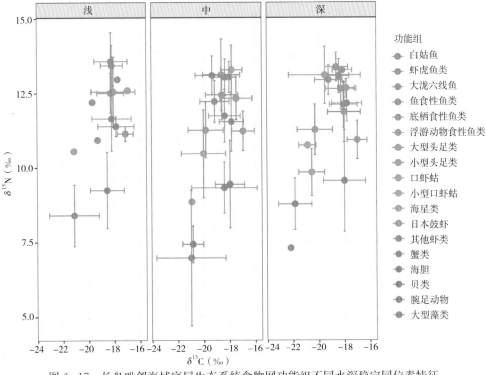

图 6-17　长岛毗邻海域底层生态系统食物网功能组不同水深稳定同位素特征

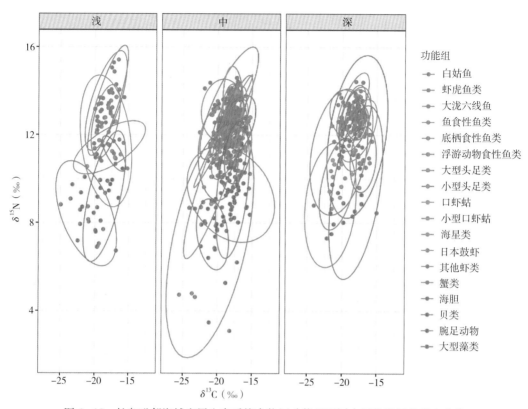

图 6-18 长岛毗邻海域底层生态系统食物网功能组不同水深稳定同位素生态位

四、 岛屿毗邻海域消费者资源利用特征

研究表明，许多水生植物是淡水、盐沼湿地、河口等生态系统食物网的营养基础（Lepoint et al，2000；Andrade et al，2016）。在传统的海洋食物网研究中，通常认为浮游植物是海洋食物网的主要营养来源与营养基础（Gillikin et al，2006）。而岛屿毗邻海域与传统海域的一大区别就是其属于典型的沿岸沿礁浅水区（Littoral zone），水深较浅。由于其岛礁的性质，聚集了许多沿礁性藻类和水生动物，具有多种沿礁性质的初级生产力来源和消费者，不仅有传统的浮游植物-浮游动物-消费者食物链，还有大型藻类-贝类-消费者食物链（Steinbauer et al，2013）。相较于浮游区（Pelagic zone）和深底区（Profundal zone），其资源利用更加复杂（Kahilainen et al，2017）。

通过调查发现，许多被捕获的生物与大型藻类纠缠在一起，长岛毗邻海域具有多处沿礁潮下带海藻场，大型藻类的生物量相当可观，其为底层渔业生物提供了栖息地、育幼场、索饵场、庇护场和食物来源，许多"恋礁性"渔业生物实际上是"恋藻性"渔业生物，它们喜好具有大型藻类的沿礁生境，沿礁大型藻类生境也为海胆、贝类提供了良好的栖息环境和食物来源，这些"恋藻性"渔业生物可以直接或间接以大型藻类、藻类碎屑和贝类为食。然而，目前有关大型藻类和沿礁食物资源利用的研究鲜有报道。因此，为探究岛屿毗邻海域典型沿礁生境的资源利用情况，选取浮游动物和底栖贝类作为两种基线生物（base 1 和 base 2），分别代表"浮游植物-浮游动物-消费者"的浮游食物链和"大型藻类-贝类-消费者"的沿礁食物链，以研究不同功能组消费者对这两种基线生物的资源利用状况。本研究采用 Post（2002）提出的双食物来源的混合模型来区分每种基线生物对消费者的相对贡献，并计算各功能组的营养级。

（一）营养级

各功能组的营养级如图 6-19 所示，季节变化如图 6-20 所示。各功能组营养级变化与 δ^{15}N 变化趋势相似，从初级生产者到无脊椎动物再到鱼类呈现阶梯分布，其中鱼类和头足类的营养级较高，其次为甲壳类、贝类和浮游动物，初级生产者的营养级最低。口虾蛄和小型口虾蛄营养级差别较大。春季功能组营养级跨度最大，秋季营养级最高。

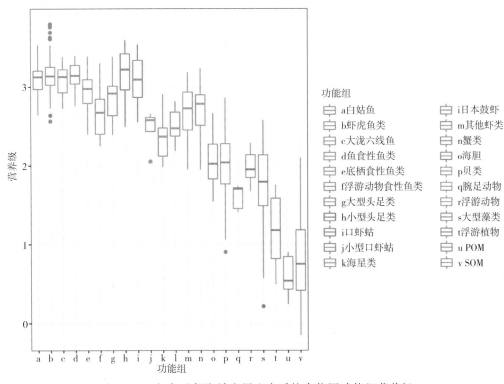

功能组
- a白姑鱼
- b虾虎鱼类
- c大泷六线鱼
- d鱼食性鱼类
- e底栖食性鱼类
- f浮游动物食性鱼类
- g大型头足类
- h小型头足类
- i口虾蛄
- j小型口虾蛄
- k海星类
- l日本鼓虾
- m其他虾类
- n蟹类
- o海胆
- p贝类
- q腕足动物
- r浮游动物
- s大型藻类
- t浮游植物
- u POM
- v SOM

图 6-19　长岛毗邻海域底层生态系统食物网功能组营养级

（二）浮游动物资源利用

各功能组消费者对浮游动物资源的利用情况如图 6-21 和图 6-23 所示，季节变化如图 6-22 和 6-24 所示。各消费者对浮游动物资源利用率普遍小于 0.5。最小的功能组包括鱼食性鱼类、大型头足类、日本鼓虾等，最大的包括海胆、腕足动物、海星类、浮游动物食性鱼类、小型口虾蛄等。高营养级物种对浮游动物资源利用率低。夏季各功能组消费者对浮游动物资源利用率最高，多个功能组消费者对其利用率高于 0.5；秋季最低，利用率多为 0。

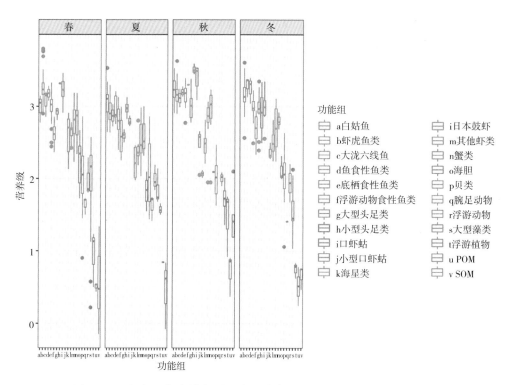

图 6-20　长岛毗邻海域底层生态系统食物网功能组营养级季节变化

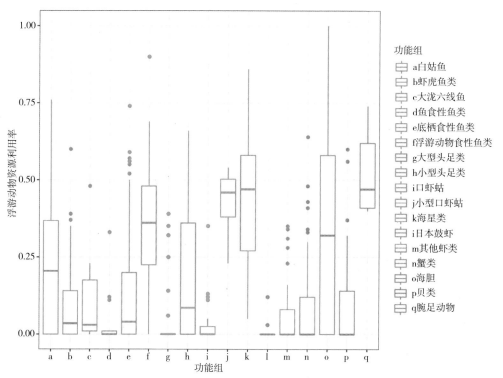

图 6-21　长岛毗邻海域底层生态系统食物网功能组浮游动物资源利用率

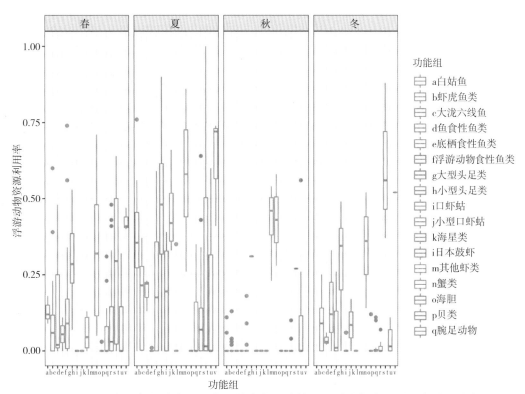

图 6-22　长岛毗邻海域底层生态系统食物网功能组浮游动物资源利用率季节分布

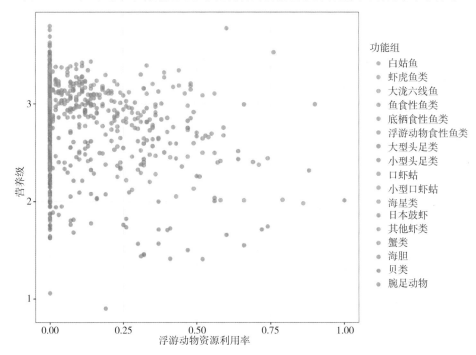

图 6-23　长岛毗邻海域底层生态系统食物网功能组对浮游动物资源利用率与营养级分布

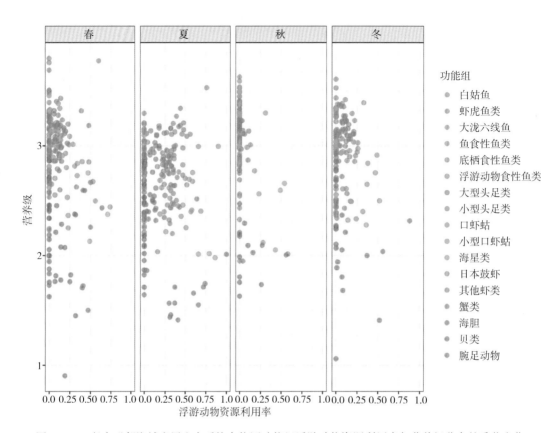

图 6 - 24   长岛毗邻海域底层生态系统食物网功能组浮游动物资源利用率与营养级分布的季节变化

功能组
- 白姑鱼
- 虾虎鱼类
- 大泷六线鱼
- 鱼食性鱼类
- 底栖食性鱼类
- 浮游动物食性鱼类
- 大型头足类
- 小型头足类
- 口虾蛄
- 小型口虾蛄
- 海星类
- 日本鼓虾
- 其他虾类
- 蟹类
- 海胆
- 贝类
- 腕足动物

（三）底栖贝类资源利用

各功能组消费者对底栖贝类资源的利用情况如图 6 - 25 和图 6 - 27 所示，季节变化如图 6 - 26 和 6 - 28 所示。各消费者对底栖贝类资源利用率普遍大于 0.5。最小的功能组包括海胆、腕足动物、海星类、浮游动物食性鱼类、小型口虾蛄等，最大的包括鱼食性鱼类、底栖食性鱼类、虾虎鱼类、大泷六线鱼、大型头足类、口虾蛄、日本鼓虾、其他虾类、蟹类、贝类等。高营养级物种对底栖贝类资源利用较高。夏季各功能组消费者对底栖贝类资源利用率最低，多个功能组消费者对其利用率小于 0.5；秋季各功能组利用率最高，多为 1。

总体上，长岛毗邻海域底层生态系统食物网消费者对底栖贝类资源的利用率普遍较高，大于对浮游动物资源的利用率，消费者更喜好利用来自底栖贝类的能量，表现出"恋礁性"和"恋藻性"的特点，"大型藻类-贝类-消费者"食物链可能在岛屿毗邻海域食物网中扮演着重要的角色。岛礁海藻场可能会吸引更多的"恋藻性"渔业生物聚集在岛屿毗邻海域。各消费者在秋季对底栖贝类资源的利用率最高，在夏季则对浮游动物资源的利用率最高。在北太平洋，浮游植物的季节性暴发和大型藻类的常年生长模式可能是造成此现象的原因。在浮游植物丰度较低的季节，岛屿毗邻海域消费者们可能更多地利用来自大型藻类和贝类食物的能量。

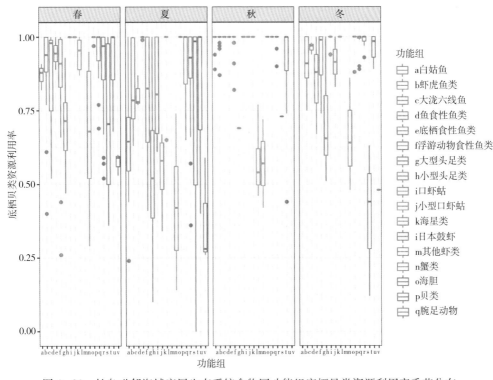

图 6-25　长岛毗邻海域底层生态系统食物网功能组底栖贝类资源利用率

图 6-26　长岛毗邻海域底层生态系统食物网功能组底栖贝类资源利用率季节分布

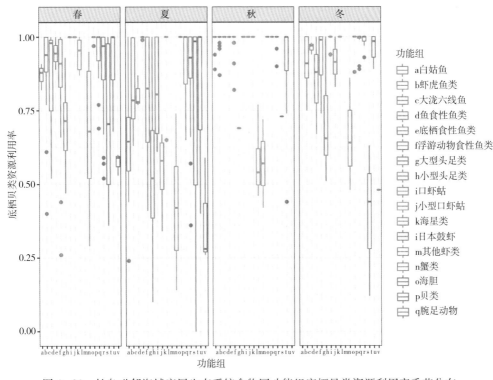

功能组
a白姑鱼
b虾虎鱼类
c大泷六线鱼
d鱼食性鱼类
e底栖食性鱼类
f浮游动物食性鱼类
g大型头足类
h小型头足类
i口虾蛄
j小型口虾蛄
k海星类
i日本鼓虾
m其他虾类
n蟹类
o海胆
p贝类
q腕足动物

183

第六章　长岛毗邻海域底层食物网营养结构与能量流动

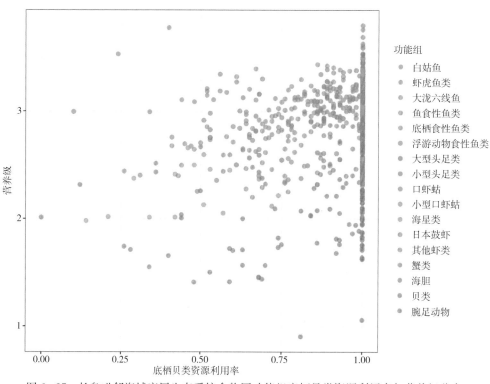

图 6-27　长岛毗邻海域底层生态系统食物网功能组底栖贝类资源利用率与营养级分布

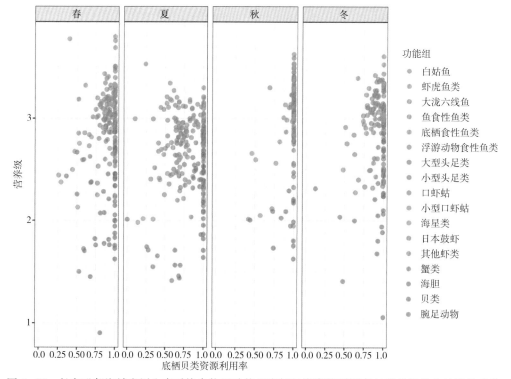

长岛毗邻海域底层渔业资源与栖息环境

图 6-28　长岛毗邻海域底层生态系统食物网功能组底栖贝类资源利用率与营养级分布的季节变化

五、 碳汇渔业

CO$_2$作为主要的温室气体，不仅对全球气温升高的贡献达到了 70%，还造成了海洋酸化等一系列环境问题（Melillo et al，1990）。因此，近年来，世界各国对减少 CO$_2$ 排放和增加碳汇越来越重视（刘慧等，2011）。海洋作为地球上最大的碳库，在全球碳循环和碳汇过程中都发挥着极其重要的作用（刘纪化等，2015）。全球大气中，近 90% 的 CO$_2$ 会进入海洋中参与碳循环，其中一部分碳被长期封存在海洋中，从而形成了海洋碳汇（Nellemann et al，2009）。图 6-29 展示了海洋碳汇的主要途径。海洋中不同来源碳的一条重要碳汇途径是通过食物网向生物资源传递，这部分碳维持了海洋生物的生命活动（Jiao et al，2010）。生产者、无脊椎动物和鱼类产生的颗粒碳沉降至海底，形成海洋生物碳泵（焦念志等，2016）。一部分碳传递到渔业资源后，通过捕捞或收获移出了海洋体系，被称为碳汇渔业，其实质也是海洋生物碳汇（唐启升等，2010）。人为导致的气候变化和人类活动（捕捞、养殖、航运等）造成了海洋环境的恶化，如富营养化、酸化、海洋生产力下降、生物多样性降低、食物网结构转变和资源枯竭等，极大地影响了海洋生物碳汇的能力（宋金明，2003）。因此，如何在保证海洋优质食物资源产出的同时，保护海洋资源环境，增加海洋碳汇，实现可持续发展，成为碳汇渔业的重要研究问题。

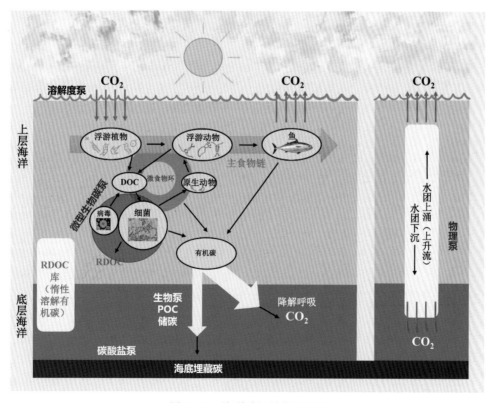

图 6-29　海洋碳汇的主要过程

陆架边缘海虽然面积较小，但由于该区域接纳了各种上升流、沿岸流和河流带来的碳和营养盐，不仅承载了大量海洋生物的生命活动，而且在碳循环中也发挥着重要作用（陈泮勤，2004）。近岸岛屿毗邻海域作为陆架边缘海中最具代表性的区域之一，是重要的海—陆过渡区域，并且受人类活动影响巨大（如养殖、捕捞、航运等），具有复杂的碳来源输入，是研究海洋碳汇和碳汇渔业的理想区域。

生态系统所捕获的生物中，有超过一半的碳是由海洋生物所捕获的，海洋生物在碳汇过程中发挥着十分重要的作用（Nellemann et al，2009）。已知具有重要碳汇功能的海洋生物类群主要有浮游生物、大型藻类、细菌、贝类、海草、红树林和珊瑚礁生态系统等，以生产者的固碳作用和贝类的钙化作用为主（吕为群等，2012）。而海洋食物网中的消费者，如海洋鱼类、无脊椎动物等在海洋碳汇中的作用往往被低估，许多碳汇过程及其影响因素仍需进一步研究。

长岛毗邻海域底层生态系统食物网消费者更倾向于利用来自底栖贝类资源的能量，"大型藻类－贝类－消费者"食物链可能扮演着重要角色。海藻场有利于吸引"恋藻性"渔业生物的聚集，并为其提供碳来源，其在海洋渔业碳汇中可能扮演重要角色。

浮游植物的生长非常快速，支撑着海洋中从浮游动物到顶级捕食者的复杂食物链（Gillikin et al，2006），作为食物来源，它不仅是食物网中消费者的重要碳来源，也是海洋中重要的碳汇组成部分。其中，硅藻（Diatom）和颗石藻（Coccolithophore）是对海洋生物碳汇具有重要影响的2种浮游植物类群（孙军，2007）。硅藻的硅质外壳和颗石藻的钙质颗石粒难溶于水且易于快速沉降，死后的硅藻和颗石藻通过物理沉降形成了很高的生物碳汇（赵相伟，2020）。海水的富营养化通常会造成甲藻（Dinoflagellates）的集中暴发，大量的甲藻会占据硅藻或颗石藻的生态位，极大地降低硅藻和颗石藻的碳汇能力（王世浩，2019）。浮游植物的另外一条重要碳汇途径是通过经典的食物链向渔业资源生物传递，所有的初级消费者和次、顶级消费者都直接或间接以浮游植物为食，这部分碳用于渔业资源生物自身生长繁殖活动，经捕捞和收获被移出海洋生态系统（Sun，2011）。

大型海藻可以通过光合作用将水体中溶解的无机碳和大气中的 CO_2 转化为有机碳，是近海海洋初级生产力的重要组成部分，其产生的有机碳不仅作为碳来源支撑起了食物网，还可以通过自身存储或埋藏于沉积物的方式形成碳汇，是海洋碳循环的重要一环（冯子慧等，2012）。但由于过度开采、围海造田等破坏海岸带的开发行为，近海的海底与沿岸受到不同程度的破坏，导致天然的大型藻类丰度锐减（FAO，2009）。针对这一情况，我国已经开始推进大型海藻的保护与恢复，例如人工岛礁建设和天然海藻修复（姜宏波等，2009）。大型海藻的合理增养殖对增加海洋碳汇具有重要作用。基于本研究结果，大型海藻的增养殖不仅可以极大地提升近海海域对 CO_2 的吸收量，还有可能通过对食物网中消费者的碳来源支持，进而将一定的生物碳移出水体，实现碳汇渔业。在大型海藻养殖中增加贝类等无脊椎动物或将其与以贝、藻为食的鱼类等进行混合养殖，不仅能优化养殖结构、增加经济收入，还可以增加生物碳的固定量并提高碳汇（李娇等，2013）。但大型藻类丰度的增加可能会导致其与浮游植物争夺营养资源，导致浮游动物丰度下降，进一步影响鱼类的食物来源，因此，需合理科学地进行藻类增养殖。

第二节　底层食物网能量流动特征

20世纪90年代初，海洋食物网研究的一个重要进展是生态系统营养模型的应用和发展，在此阶段计算机的发展为研究营养模型提供了巨大的便利。这一阶段主要发展了以Ecopath（生态通道模型）为代表的营养模型，在此基础上又发展出了生态系统营养动态模型（Ecosim）。

生态通道模型（Ecopath）基于营养动力学原理，将生态系统定义为由一系列生态关联、能够基本覆盖生态系统能量流动过程的功能组组成，通过输入各功能组的生态参数来构建水域生态系统结构（林群等，2022）。该模型通过量化生态系统中的各项特征参数，描述能量流动的过程、物种间的营养关系，并评价生态系统的成熟状况与稳定程度（林群等，2009；仝龄等，2000；任晓明等，2020）。Ecopath模型还可用于估算在维持生态系统平衡的前提下某物种的理论生态容量，现已被广泛应用于生态容量的评估（林群等，2018；袁旸等，2022）。作为Ecopath with Ecosim（EwE）软件中的基本模块，该模型现已成为海洋和淡水生态系统研究的核心工具和常用方法（仝龄，1999）。

本节研究基于2021年3～12月开展的渔业资源与生态环境调查，构建了长岛毗邻海域底层生物食物网Ecopath模型，分析该生态系统的营养相互关系和能量流动特征，旨在加深对该海域生态系统结构与功能的理解。

一、数据来源及处理方法

选取阿氏网（网架高0.4 m、长2.4 m；网长9 m、网口高2.5 m、网目共380扣，最大网目直径为2.54 cm、最小为0.9 cm）进行底层渔业生物采样。该网具通常情况下无法捕获全部水层的海洋生物，但考虑到长岛周边水域水深浅的特点，选取的阿氏网网架较大、网衣较长，结合实际野外调查和观测结果，该阿氏网在浅水海域捕获的生物种类基本可以涵盖底层渔业生物，起网过程中也会捕获一些中上层鱼类。调查船只为"鲁昌渔65678"和"鲁昌渔64756"，功率为110 kW，每站拖网时间为10 min，拖速为2.5 kn。

Ecopath模型被广泛应用于水生生态系统研究，为基于生态系统的渔业管理提供支持。该模型定义生态系统由一系列生态关联的功能组构成，这些功能组包含1个或多个具有相似的生态功能的物种，全部功能组基本覆盖生态系统能量流动的全过程。该模型包含1组线性方程，描述了1段特定时间内的系统能量输入和输出平衡，公式如下：

$$B_i \times (P/B)_i \times EE_i = \sum_{j=1}^{j} B_j \times (Q/B)_j \times DC_{ij} + Y_i + BA_i + E_i$$

式中，B_i和B_j分别表示功能组i和j的生物量，$(P/B)_i$代表功能组i的生产量和生物量的比值，$(Q/B)_j$代表功能组j的消耗量和生物量的比值，EE_i（Ecotrophic

efficiency）是指生态营养效率，DC_{ij}代表被捕食者i占捕食者j的总捕食量的比例，Y_i为渔获量，BA_i为生物量累积，E_i为净迁移量。

对于每个功能组，食物组成矩阵DC_{ij}及B、P/B、Q/B和EE 4个基本参数中的任意3个为必须输入，以构建模型，其他参数可由模型估算得出。

二、Ecopath 建模

（一）功能组划分及参数确定

根据长岛毗邻海域底层生态系统已有的生物群落调查结果，将摄食习性、生态学特征、分类学特征等方面具有相似性的生物类群划分为相同功能组，同时将一些具有重要经济价值和生态价值的物种设为单独功能组。共将该系统定义为23个功能组，包含1个碎屑功能组、1个浮游植物功能组、1个大型藻类功能组，以及20个消费者功能组，基本涵盖该生态系统能量流动全过程（表6-6）。

表6-6　长岛毗邻海域底层生态系统功能组及主要种类组成

编号	功能组	主要种类组成
1	白姑鱼	白姑鱼
2	虾虎鱼类	矛尾虾虎鱼、六丝矛尾虾虎鱼、长丝虾虎鱼、矛尾复虾虎鱼、中华栉孔虾虎鱼、裸项栉虾虎鱼、纹缟虾虎鱼、钟馗虾虎鱼等
3	大泷六线鱼	大泷六线鱼
4	鱼食性鱼类	海鳗、许氏平鲉、长蛇鲻等
5	底栖食性鱼类	方氏云鳚、焦氏舌鳎、孔鳐、梭鱼、细纹狮子鱼、褐牙鲆、鲬、黄盖鲽、石鲽、绯鲻、多鳞鱚、少鳞鱚、长绵鳚、细条天竺鲷、叫姑鱼、绿鳍马面鲀、星点东方鲀等
6	浮游动物食性鱼类	赤鼻棱鳀、蓝圆鲹、玉筋鱼等
7	大型头足类	短蛸、金乌贼、长蛸等
8	小型头足类	枪乌贼、双喙耳乌贼等
9	口虾蛄	体长大于等于50 mm的口虾蛄
10	小型口虾蛄	体长小于50 mm的口虾蛄
11	海星类	多棘海盘车、海燕、虾夷砂海星等
12	日本鼓虾	日本鼓虾
13	其他虾类	葛氏长臂虾、脊腹褐虾、鹰爪虾、戴氏赤虾、鲜明鼓虾、中国对虾、蝼蛄虾、细螯虾等
14	蟹类	寄居蟹、十一刺栗壳蟹、隆线强蟹、泥脚隆背蟹、日本关公蟹、三疣梭子蟹、日本蟳、双斑蟳等
15	海胆	哈氏刻肋海胆、心形海胆等

编号	功能组	主要种类组成
16	贝类	双壳类、腹足类
17	其他棘皮动物	蛇尾类
18	腕足动物	酸浆贝
19	底栖动物	多毛类、端足类、介形类、线虫、底栖桡足类等
20	浮游动物	拟长腹剑水蚤、腹针胸刺水蚤、小拟哲水蚤、洪氏纺锤水蚤、中华哲水蚤等
21	大型藻类	铜藻、孔石莼、鼠尾藻、裙带菜等
22	浮游植物	具槽帕拉藻、海链藻、菱形藻、骨条藻以及圆筛藻等
23	碎屑	底栖微藻、有机碎屑

生物量 B（湿重，t/km^2）是指单位时间内、单位面积或体积中所存在的某种生物的总量。鱼类、无脊椎动物和浮游动物的 B 依据 2021 年 3～12 月的野外调查数据，浮游植物湿重由野外调查获得的叶绿素 a 浓度值经过换算得出，1 个单位质量的叶绿素 a 含碳量为 50 个单位质量，含碳量以系数 10 转换为湿重（孙军，2004；杨彬彬，2017）。大型藻类生物量参考刘正一（2014）关于庙岛群岛典型海域海藻场的研究。碎屑和底栖动物生物量参考邻近海域 Ecopath 研究（林群等，2009；全龄等，2000；任晓明等，2020；崔鹏辉，2020；赵静等，2010）。P/B 和 Q/B 主要参考黄渤海生态系统模型的相关文献（林群等，2009，2015，2022；全龄等，2000；任晓明等，2020；崔鹏辉，2020；赵静等，2010；袁旸等，2022；欧阳力剑和郭学武，2010）。功能组的摄食矩阵主要来自长岛毗邻海域采样样品的胃含物分析与稳定同位素分析结果（表 6-7）。

（二）模型调试

将各已知参数输入 Ecopath 模型中，模型会自动算出缺失的数据，首次调试会出现部分功能组的 EE 值大于 1 的情况。由于一个功能组的生产量必定大于其被捕捞和被捕食的量，因此要保证 EE 值介于 0～1。通常过大的 EE 可能是该功能组包含过多的捕食者或捕食者摄食其生物量过多导致，其次 P/B 值过小、B 过小也会导致 EE 值过大，此时可依据实际的生态学意义对相关参数进行调整，以维持模型的平衡。另外，还需要考虑总效率 GE 值，表示为生产量和消耗量的比值（P/Q），GE 值通常应介于 0.1～0.3（Christensen et al，2005）。将模型输出结果与相似临近海域的生态系统进行比较，通过不断调整输入生物量、生产量与生物量比值、消耗量与生物量比值、营养转换效率和食物组成等参数，最终使模型达到平衡状态。

通过 Pedigree 指数分析数据来源的可靠性，对模型中输入参数的来源及质量进行分析，量化模型输入参数的不确定性。Pedigree 指数范围为 0～1.0，1.0 代表数据质量较高，通过精确采样获得；0 代表数据来源模糊，数据参考其他模型或文献等。

长岛毗邻海域底层渔业资源与栖息环境

表6-7 平衡后的长岛毗邻海域底层生态系统模型食性分析矩阵

被捕食者	捕食者																			
	1	2	3	4	5	6	7	8	9	10	11	12	13	14	15	16	17	18	19	20
1 白姑鱼	0	0	0	0.1	0	0	0	0	0	0	0	0	0	0	0	0	0	0	0	0
2 虾虎鱼类	0.1	0	0.1	0.2	0.06	0	0.05	0	0.01	0	0	0	0	0	0	0	0	0	0	0
3 大泷六线鱼	0	0	0	0.1	0	0	0	0	0	0	0	0	0	0	0	0	0	0	0	0
4 鱼食性鱼类	0	0	0	0.1	0	0	0	0	0	0	0	0	0	0	0	0	0	0	0	0
5 底栖食性鱼类	0.05	0.05	0.01	0.4	0.11	0	0.05	0	0.005	0	0.15	0	0	0	0	0	0	0	0	0
6 浮游动物食性鱼类	0	0	0	0.1	0	0	0.1	0	0	0	0	0	0	0	0	0	0	0	0	0
7 大型头足类	0	0	0	0	0	0	0.05	0	0	0	0	0	0	0	0	0	0	0	0	0
8 小型头足类	0.1	0	0.1	0	0.005	0	0.1	0	0.005	0	0.2	0	0	0	0	0	0	0	0	0
9 口虾蛄	0	0	0	0	0	0	0	0	0.005	0	0	0	0	0	0	0	0	0	0	0
10 小型口虾蛄	0.1	0	0.05	0	0	0	0.05	0	0.005	0	0.1	0	0	0	0	0	0	0	0	0
11 海星类	0	0	0	0	0	0	0	0	0	0	0.05	0	0	0	0	0	0	0	0	0
12 日本鼓虾	0.4	0.6	0.3	0	0.2	0	0.4	0	0.06	0	0.2	0	0.1	0.068	0	0	0	0	0	0
13 其他虾类	0.15	0.05	0.1	0	0.05	0	0.05	0	0.02	0	0.05	0.1	0.05	0.169	0	0	0	0	0	0
14 蟹类	0	0	0.1	0	0.01	0	0.05	0	0.02	0	0.05	0.001	0.001	0.085	0	0	0	0	0	0
15 海胆	0	0	0.05	0	0	0	0	0.2	0.2	0	0	0.1	0	0.085	0	0	0	0	0	0
16 贝类	0	0.05	0.19	0	0.05	0	0.1	0.8	0.6	0.1	0.2	0.2	0.1	0.068	0	0	0	0	0	0
17 其他棘皮动物	0	0	0	0	0.005	0	0	0	0	0	0	0	0	0.042	0.05	0	0	0	0	0
18 腕足动物	0	0	0	0	0	0	0	0	0	0	0.05	0	0	0.017	0	0	0	0	0	0
19 底栖动物	0.03	0.1	0	0	0.2	0	0	0.2	0	0	0	0	0	0.042	0	0.1	0.02	0.01	0.2	0
20 浮游动物	0.02	0.05	0	0	0.05	1	0	0.8	0.02	0.6	0	0.2	0.3	0.085	0	0.1	0.01	0.45	0.05	0.05
21 大型藻类	0	0	0	0	0	0	0	0	0	0	0	0	0.05	0.042	0.8	0.5	0.16	0	0	0
22 浮游植物	0	0	0.05	0	0	0	0	0	0	0.1	0.1	0.05	0.1	0.085	0.15	0.1	0.01	0.06	0.05	0.65
23 碎屑	0.05	0.1	0	0	0.26	0	0	0	0.05	0.3	0.15	0.349	0.299	0.212	0.15	0.2	0.8	0.48	0.7	0.3

三、 生态系统模型

（一）营养结构与能量流动

从表 6-8 可以看出，各功能组营养级范围为 1.00～4.50。其中鱼食性鱼类功能组的营养级最高（4.50），位于食物网的最顶端。其次为大型头足类、白姑鱼、大泷六线鱼、虾虎鱼类、海星类、底栖食性鱼类、口虾蛄、小型头足类和浮游动物食性鱼类，营养级范围在 3.05～3.88。浮游动物食性鱼类在所有鱼类功能组中营养级最低（3.05）。蟹类、日本鼓虾、其他虾类、小型口虾蛄等甲壳类营养级范围在 2.63～2.96。贝类、腕足动物、海胆、底栖动物、其他棘皮动物、浮游动物的营养级范围在 2.05～2.49。碎屑、大型藻类和浮游植物为第一营养级。整体上呈现出鱼类＞无脊椎动物＞浮游动物＞初级生产者的营养级变化特点。各个功能组的 EE 在 0.175～0.995。腕足动物、海星类、口虾蛄、白姑鱼、大型头足类的 EE 值较低；其他功能组均在 0.5 以上，其中底栖食性鱼类、小型头足类、日本鼓虾、海胆、贝类、底栖动物和浮游动物较高。

表 6-8　长岛毗邻海域底层生态系统 Ecopath 模型基本参数

功能组	营养级	B （t/km^2）	P/B	Q/B	EE
1 白姑鱼	3.74	0.359	1.067	5.500	0.227
2 虾虎鱼类	3.48	1.450	1.592	4.700	0.864
3 大泷六线鱼	3.74	0.072	2.900	9.000	0.418
4 鱼食性鱼类	4.50	0.194	0.800	4.500	0.563
5 底栖食性鱼类	3.24	4.060	0.958	4.930	0.995
6 浮游动物食性鱼类	3.05	0.200	2.370	5.980	0.753
7 大型头足类	3.88	0.386	2.000	7.000	0.175
8 小型头足类	3.11	0.266	3.000	9.750	0.931
9 口虾蛄	3.22	0.739	8.000	30.000	0.019
10 小型口虾蛄	2.63	0.126	8.000	30.000	0.887
11 海星类	3.47	0.890	1.300	4.700	0.181
12 日本鼓虾	2.74	3.680	5.750	26.900	0.943
13 其他虾类	2.70	2.462	8.000	28.000	0.896
14 蟹类	2.96	0.950	3.500	11.300	0.641
15 海胆	2.05	1.276	13.000	31.200	0.921
16 贝类	2.24	7.800	6.000	27.000	0.925
17 其他棘皮动物	2.04	3.000	1.200	3.580	0.707

（续）

功能组	营养级	B（t/km²）	P/B	Q/B	EE
18 腕足动物	2.49	0.618	8.670	27.000	0.073
19 底栖动物	2.32	11.800	9.000	33.000	0.989
20 浮游动物	2.05	5.800	25.000	125.000	0.918
21 大型藻类	1.00	20.830	11.860		0.578
22 浮游植物	1.00	12.000	71.200		0.616
23 碎屑	1.00	43.000			0.779

　　图 6-30 为食物网能量流动图，图中圆圈及其大小代表生态系统中各功能组及其生物量大小，曲线代表能量在各功能组间传递，线条的粗细及颜色代表能流的大小。食物网能量流动以碎屑食物链和牧食食物链为基础，其中牧食食物链基于大型藻类和浮游植物两条食物链（图 6-30）。该海域底层生态系统的能量主要来源于碎屑、浮游植物和大型藻类，其中 42% 来自碎屑，45% 来自浮游植物，13% 来自大型藻类。能量流动主要沿 3 条途径流动：大型藻类-海胆、贝类-口虾蛄、鱼类食物链，浮游植物-浮游动物-鱼类食物链和碎屑-无脊椎动物-鱼类食物链。评价模型整体质量的 Pedigree 指数为 0.780，处于较合理的范围，表明本模型输入的参数可靠性较好，模型可信度较高。

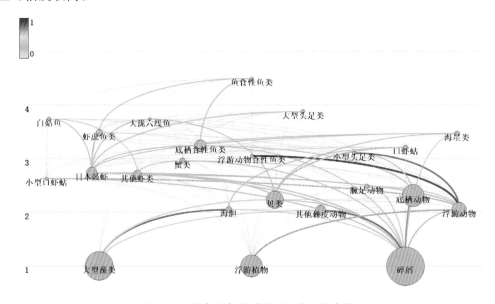

图 6-30　长岛毗邻海域底层生态系统食物网

食物网结构呈金字塔形状（图 6-31、表 6-9），初级生产者和碎屑的总生物量和总流量均为最高，处在营养金字塔的底部，上层是以贝类、海胆、底栖生物、浮游生物为主的初级消费者，次级消费者为虾蟹类和小型鱼类；顶级消费者为鱼食性鱼类，处在营养金字塔的最上端，生物量和总流量均最低。生态系统 Lindeman spine 图如图 6-32 所示，该图根据林德曼定律表现出能量流经各营养级的消耗量，每个营养级流入量包括消费量、碎屑流入能量、输出量包括呼吸量、被捕食量、捕捞量和流量碎屑能量。该系统初级生产者生物量共有 32.83 t/km²，占系统总能量的 32.39%；碎屑生物量为 43 t/km²，占系统总流量的 23.44%。第 2 营养级占系统总流量的 37.93%，第 2 营养级到第 3 营养级的能量转换效率为 0.143，第 3 营养级占系统总流量的 5.438%，第 3 营养级到第 4 营养级的能量转换效率为 0.133，第 4 营养级占系统总流量的 0.721%，第 4 营养级到第 5 营养级的能量转换效率为 0.096 7，第 5 营养级占系统总流量的 0.069 7%。

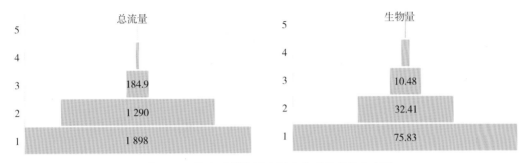

图 6-31　长岛毗邻海域底层生态系统营养金字塔

表 6-9　长岛毗邻海域底层生态系统食物网各营养级生物量及能流分布

营养级	总生物量（t/km²）	总流量 [t/（km²·a）]
5	0.393	2.371
4	2.818	24.510
3	10.480	184.900
2	32.410	1 290.000
1	75.830	1 898.000

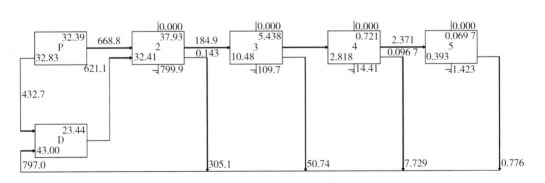

图 6-32　长岛毗邻海域底层生态系统 Lindeman spine 图

营养级间的转换效率（Transfer efficiency）代表该营养级在生态系统中被利用的效率，通常相邻两营养级间的能量转换效率在 10%～20%。各营养级间的转换效率如表 6-10 所示。该生态系统总转换效率为 12.25%，其中来自碎屑的能量转换效率为 11.75%，来自初级生产者的为 12.68%。总体来看，该系统的能量转换效率处于中上水平，并呈现出随着营养级升高，能量转换效率逐渐降低的现象。

表 6-10　长岛毗邻海域底层生态系统各营养级的转换效率（%）

来源	2	3	4	5
生产者	16.28	12.25	10.21	6.583
碎屑	12.24	14.68	9.033	8.106
总流量	14.34	13.25	9.674	7.231

来自初级生产者：12.68%

来自碎屑：11.75%

总：12.25%

（二）营养相互作用

Ecopath 模型通过混合营养效应程序（Mixed trophic impact）描述生态系统各功能组之间的营养相互关系，通过功能组生物量的改变来判断对其他功能组的影响。各功能组间的混合营养效应分析如图 6-33 所示，蓝色表示正影响，即该功能组生物量的增加有利于被影响功能组生物量的增加；红色代表负影响，即该功能组生物量的增加造成被影响功能组生物量的减少；颜色深浅代表影响程度的强弱。结果表明，碎屑、浮游植物、大型藻类、浮游动物作为主要的初级生产者和初级消费者，生物量的增加均会对消费者产生正影响。由于对饵料资源的竞争，各功能组自身生物量的增加均会由于种内竞争对其自身产生负影响。日本鼓虾作为鱼类的主要饵料，其生物量的增加会对白姑鱼、虾虎鱼等鱼类产生较大的正影响，此外还会通过食物网间接作用到其他棘皮动物和大型藻类，对二者产生较大正影响。而日本鼓虾生物量的增加则会对甲壳类、贝类、海胆产生较大的负影响。较高营养级的鱼类功能组间由于种间竞争，均会对其他鱼类功能组产生负影响。

（三）生态位重叠

使用 Ecopath 模型对长岛毗邻海域底层生态系统食物网营养结构分析，得到各功能组间饵料重叠指数（Prey overlap index）和捕食者重叠指数（Predator overlap index），反映各功能组之间生态位重叠情况。其中饵料重叠指数代表两功能组间食物来源的相似程度，范围为 0～1，越接近 1 则代表两功能组对同一饵料的竞争越激烈。如图 6-34 所示，白姑鱼和大泷六线鱼、海胆和贝类均具有较高的饵料重叠指数和捕食者重叠指数（>0.8），表明它们有高度重叠的生态位。其他饵料重叠指数较高的功能组为浮游动物食性鱼类和小型头足类、小型口虾蛄和腕足动物、日本鼓虾和其他虾类、其他虾类和腕足动物、白姑鱼和虾虎鱼类、浮游动物食性鱼类和小型口虾蛄，饵料重叠指数均在 0.8 以上。其他捕食者重叠指数较高的有白姑鱼和鱼食性鱼类、大泷六线鱼和鱼食性鱼类、

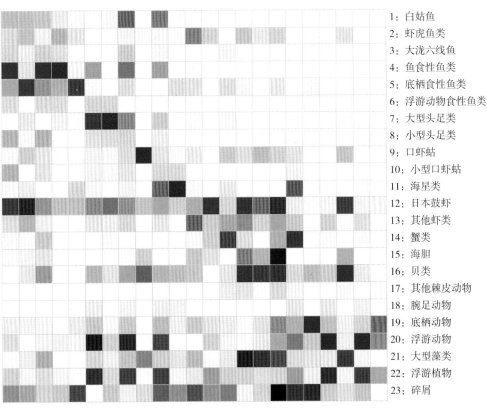

图 6 - 33 长岛毗邻海域底层生态系统各功能组间的营养关系

虾虎鱼类和底栖食性鱼类、其他虾类和贝类、其他虾类和海胆，捕食者指数亦均在 0.8
以上。

(四) 关键种分析

Ecopath 模型可以通过每一个功能组的总体效应（Overall effect）和关键指数
（Keystoneness）的对应图来识别关键种。图 6 - 35 纵坐标为关键指数、横坐标为总体
效应，具有较高的关键指数和总体效应的功能组即为关键种。可以看出，由 Ecopath
模型分析得出的长岛毗邻海域底层生态系统食物网关键种包括日本鼓虾、浮游动
物等。

(五) 生态系统总体特征

通过 Ecopath 模型的网络分析，计算出生态系统规模、稳定性、成熟度和发育状
态等参数，评价生态系统结构和功能。表 6 - 11 中系统总流量是衡量生态系统规模的

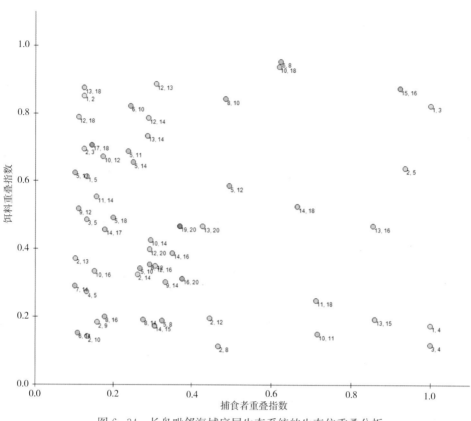

图 6-34 长岛毗邻海域底层生态系统的生态位重叠分析

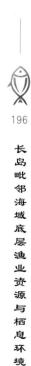

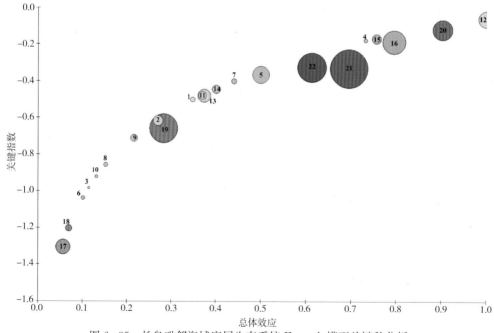

图 6-35 长岛毗邻海域底层生态系统 Ecopath 模型关键种分析

重要指标，是生态系统各功能组总消耗量、总输出量、总呼吸量和流入碎屑总量的总和，其中总消耗量、总输出量、总呼吸量分别占系统总流量的 46.32%、4.98% 和22.54%。长岛毗邻海域底层生态系统总流量均低于邻近海域，如渤海、黄海和海州湾等（林群等，2009，2022；任晓明等，2020）。流入碎屑总量与邻近海域相比较低。系统的总能量转换效率为 12.25%，与邻近海域相当，其中来自初级生产者的能量转换效率为 12.68%，来自碎屑的能量转换效率为 11.75%（表 6-11）。总初级生产量和总呼吸量的比值（Total primary production/Total respiration，TPP/TR）是描述生态系统成熟度的关键指标，TPP/TR 值接近 1 时表示生态系统发育较成熟，而TPP/TR 值大于 1 则表示生态系统发育不成熟。该系统的 TPP/TR 值见表 6-11。系统的总生物量/总流量（Total biomass/Total throughput，TB/TT）也是表征系统成熟度的指标，TB/TT 值越大表明系统发育越成熟。该系统的 TB/TT 值为 0.022（表 6-11），该结果表明长岛毗邻海域生态系统的成熟度可能较低，容易受到外界的干扰。连接指数 CI（Connectance index）和系统杂食性指数 SOI（System omnivory index）均反映生态系统内联系的复杂程度，其值具体见表 6-11；循环指数 FCI 值亦见表 6-11。

表 6-11　长岛毗邻海域底层生态系统总体特征参数

参数	数值
总消耗量 [t/（km² · a）]	1 637.852
总输出量 [t/（km² · a）]	1 75.956
总呼吸量 [t/（km² · a）]	925.488
流入碎屑总量 [t/（km² · a）]	797.018
系统总流量 [t/（km² · a）]	3 536.313
总生产量 [t/（km² · a）]	1 486.237
TPP [t/（km² · a）]	1 101.444
TPP/TR	1.190
净生产量 [t/（km² · a）]	175.956
TB/TT	0.022
TPP/TB	13.950
TB（不计碎屑）(t/km²)	78.957
CI	0.269
SOI	0.267
FCI（%）	11.440
总能量转换效率（%）	12.250

参考文献 >>>

陈泮勤，2004. 地球系统碳循环 [M]. 北京：科学出版社：17-19.

崔鹏辉，2020. 基于EwE的海洋平台生态效应评估 [D]. 舟山：浙江海洋大学.

冯子慧，孟阳，陆巍，等，2012. 绿潮藻浒苔光合固碳与防治海水酸化的作用Ⅰ. 光合固碳与海水pH值提高速率研究 [J]. 海洋学报，34（2）：162-168.

姜宏波，田相利，董双林，等，2009. 鼠尾藻生长、藻体成分及其生境的初步研究 [J]. 海洋湖沼通报（2）：59-66.

焦念志，李超，王晓雪，2016. 海洋碳汇对气候变化的响应与反馈 [J]. 地球科学进展，31（7）：668-681.

李娇，关长涛，2013. 人工鱼礁生态系统碳汇机理及潜能分析 [J]. 渔业科学进展，34（1）：65-69.

林群，金显仕，张波，等，2009. 基于营养通道模型的渤海生态系统结构十年变化比较 [J]. 生态学报，29（7）：3613-3620.

林群，单秀娟，王俊，等，2018. 渤海中国对虾生态容量变化研究 [J]. 渔业科学进展，39（4）：19-29.

林群，王俊，李忠义，等，2015. 黄河口邻近海域生态系统能量流动与三疣梭子蟹增殖容量估算 [J]. 应用生态学报，26（11）：3523-3531.

林群，袁伟，马玉洁，等，2022. 基于Ecopath模型的海州湾三疣梭子蟹增殖生态容量研究 [J]. 水生态学杂志，43（6）：131-138.

刘慧，唐启升，2011. 国际海洋生物碳汇研究进展 [J]. 中国水产科学，18（3）：695-702.

刘纪化，张飞，焦念志，2015. 陆海统筹研发碳汇 [J]. 科学通报，60（35）：3399-3405.

刘正一，2014. 黄渤海典型海域海藻的生物地理分布研究 [D]. 南京：南京农业大学.

吕为群，陈阿琴，刘慧，2012. 鱼类肠道的碳酸盐结晶物：海水鱼类养殖在碳汇渔业中的地位和作用 [J]. 水产学报，36（12）：1924-1932.

欧阳力剑，郭学武，2010. 东、黄海主要鱼类Q/B值与种群摄食量研究 [J]. 渔业科学进展，31（2）：23-29.

任晓明，刘阳，徐宾铎，等，2020. 基于Ecopath模型的海州湾及邻近海域生态系统结构研究 [J]. 海洋学报，42（6）：101-109.

宋金明，2003. 海洋碳的源与汇 [J]. 海洋环境科学，22（2）：75-80.

孙军，2004. 海洋浮游植物细胞体积和表面积模型及其转换生物量 [D]. 青岛：中国海洋大学.

孙军，2007. 今生颗石藻的有机碳泵和碳酸盐反向泵 [J]. 地球科学进展，22（12）：1231-1239.

唐启升，2010. 碳汇渔业与海水养殖业：战略性新兴产业 [N]. 中国渔业报，11-29（007）.

仝龄，1999. Ecopath：一种生态系统能量平衡评估模式 [J]. 海洋水产研究，20（2）：104-108.

仝龄，唐启升，PAULY Daniel，2000. 渤海生态通道模型初探 [J]. 应用生态学报，11（3）：435-440.

王世浩，2019. 黄渤海浮游植物碳汇研究 [D]. 青岛：山东大学.

杨彬彬，2017. 基于Ecopath模型的三沙湾能量流动分析及大黄鱼试验性增殖放流 [D]. 厦门：厦门大学.

袁旸，线薇薇，张辉，2022. 基于生态通道模型的我国渔业资源生态容量研究进展 [J]. 海洋科学，46（7）：105-119.

赵静，章守宇，许敏，2010. 枸杞海藻场生态系统能量流动模型初探 [J]. 上海海洋大学学报，19（1）：98-104.

赵相伟，2020. 黄渤海浮游植物及粪便颗粒物碳汇研究 [D]. 青岛：山东大学.

Andrade C，Ríos C，Gerdes D，et al，2016. Trophic structure of shallow-water benthic communities in the sub-Antarctic Strait of Magellan [J]. Polar Biol，39（12）：2281-2297.

Gillikin D P，Lorrain A，Bouillon S，et al，2006. Stable carbon isotopic composition of Mytilus edulis shells：relation to metabolism，salinity，δ13CDIC and phytoplankton [J]. Org Geochem，37（10）：1371-1382.

Jiao N，Herndl G J，Hansell D A，et al，2010. Microbial production of recalcitrant dissolved organic matter：long-term carbon storage in the global ocean [J]. Nat Rev Microbiol，8（8）：593-599.

Kahilainen K K，Thomas S M，Nystedt E K M，et al，2017. Ecomorphological divergence drives differential mercury bioaccumulation in polymorphic European whitefish（*Coregonus lavaretus*）populations of subarctic lakes [J]. Sci Total Environ，599：1768-1778.

Lepoint G，Nyssen F，Gobert S，et al，2000. Relative impact of a seagrass bed and its adjacent epilithic algal community in consumer diets [J]. Mar Biol，136（3）：513-518.

Post D M，2002. Using stable isotopes to estimate trophic position：models，methods，and assumptions [J]. Ecology，83（3）：703-718.

Steinbauer M J，Irl S D H，Beierkuhnlein C，2013. Elevation-driven ecological isolation promotes diversification on Mediterranean islands [J]. Acta Oecologica，47：52-56.

第
六
章

长
岛
毗
邻
海
域
底
层
食
物
网
营
养
结
构
与
能
量
流
动

图书在版编目（CIP）数据

长岛毗邻海域底层渔业资源与栖息环境 / 单秀娟主编 . —北京：中国农业出版社，2023.6
ISBN 978-7-109-30521-2

Ⅰ.①长… Ⅱ.①单… Ⅲ.①底层渔业－水产资源－栖息环境－研究－长岛县 Ⅳ.①S931

中国国家版本馆 CIP 数据核字（2023）第 046676 号

中国农业出版社出版

地址：北京市朝阳区麦子店街 18 号楼
邮编：100125
责任编辑：王金环　李雪琪　蔺雅婷
版式设计：王　晨　责任校对：吴丽婷　责任印刷：王丽萍
印刷：北京通州皇家印刷厂
版次：2023 年 6 月第 1 版
印次：2023 年 6 月第 1 版北京第 1 次印刷
发行：新华书店北京发行所
开本：787mm×1092mm　1/16
印张：13.25
字数：306 千字
定价：128.00 元